西安交通大学 XI'AN JIAOTONG UNIVERSITY | 本科"十四五"规划教材

普通高等教育能源动力类专业"十四五"系列教材

热能与动力机械测试技术实验教程

主编 王桂芳 张 可

参编 程上方 徐彤彤 邢张梦 刘齐寿 赵 忖

西安交通大学出版社
XI'AN JIAOTONG UNIVERSITY PRESS

图书在版编目(CIP)数据

热能与动力机械测试技术实验教程 / 王桂芳,张可

主编;程上方等编. —西安:西安交通大学出版社,

2024.8. —(西安交通大学本科"十四五"规划教材).

ISBN 978-7-5605-9913-7

I. TK05-33;TK11-33

中国国家版本馆 CIP 数据核字第 2024AH0857 号

书　　名	热能与动力机械测试技术实验教程	
	RENENG YU DONGLI JIXIE CESHI JISHU SHIYAN JIAOCHENG	
主　　编	王桂芳　张　可	
参　　编	程上方　徐彤彤　邢张梦　刘齐寿　赵　忖	
策划编辑	田　华	
责任编辑	邓　瑞　田　华	
责任校对	王　娜	
装帧设计	伍　胜	

出版发行	西安交通大学出版社
	(西安市兴庆南路 1 号　邮政编码 710048)
网　　址	http://www.xjtupress.com
电　　话	(029)82668357　82667874(市场营销中心)
	(029)82668315(总编办)
传　　真	(029)82668280
印　　刷	陕西奇彩印务有限责任公司

开　　本	787 mm×1092 mm　1/16　**印张** 11.75　**字数** 253 千字
版次印次	2024 年 8 月第 1 版　2024 年 8 月第 1 次印刷
书　　号	ISBN 978-7-5605-9913-7
定　　价	36.00 元

如发现印装质量问题,请与本社市场营销中心联系。

订购热线:(029)82665248　(029)82667874

投稿热线:(029)82668818

读者信箱:457634950@qq.com

前　言

　　"热能与动力机械测试技术"是一门理论性和工程应用性都很强的专业基础课,该课程内容广泛、涉及领域宽广。加强该课程的实验教学环节,有助于学生对理论课内容的理解,培养学生理论联系实际和动手操作能力。测试技术实验是能源与动力工程专业相关实验研究的前提和基础,因此,编写本书对能源与动力类专业人才培养尤为重要。

　　实验教学是学生获取、掌握知识及增强实践动手能力的重要途径,同时,随着科学技术的迅速发展,新仪器、新的测试方法不断出现。因此,编者结合测试技术的发展、"热能与动力机械测试技术"课程特点编写了本书,旨在帮助学生掌握现代测试技术方法和手段,了解测试技术最新发展趋势。

　　本书在参考国内外相关资料的基础上,融入编者多年教学经验和教学成果。全书共分为九章,第1章重点介绍热能与动力机械测试技术操作中涉及的实验系统、测量对象、测量仪器、测量方法等方面的内容,旨在加强学生对测量实验及相关知识的总体认识;第2~9章分别介绍热能与动力机械工程领域中的主要参数,如温度、压力、流量、转速、液位、功率等的测量。本书的实验内容由简到难,包含从传统到新型不同类型的测量设备、技术及方法,层次结构上注重实用性和先进性,体现"夯实基础、注重能力、引导创新"的教学理念,在加强学生专业基础实验技能的同时,进一步培养学生的科研思维和科研素养,为学生未来阶段的科学研究打下坚实基础。

　　本书第1、6、7、9章由王桂芳编写,第2、3章由张可编写,第4章由程上方编写,第8章由徐彤彤编写,第5章由邢张梦编写,全书由王桂芳负责统稿。

　　本书在编写过程中,得到了刘齐寿老师和赵忖老师的热心指导和帮助,参考借鉴了大量专家学者的相关文献内容,得到了西安交通大学本科"十四五"规划教材建设项目资助,在此一并表示衷心的感谢。

　　本书可供高等院校相关专业师生进行实验教学和学习,也可为从事热能与动力机械测试领域的研究生、科研人员及工程技术人员提供参考。由于本书涉及的知识面较广,限于编者水平,不妥之处在所难免,恳请读者批评指正。

编者

2024 年 5 月

目　录

第1章

测量基础

1.1 测试系统

传统测试系统由被测对象（测量对象）和测量设备组成，如图 1－1 所示。测试系统中的测量设备一般由传感器、信号调理、信号处理和显示装置组成。测量对象是指各种能够描述物体或物质所具备的属性、特征的未知被测量。

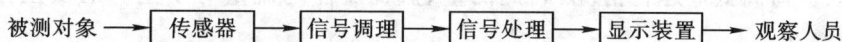

被测对象 → 传感器 → 信号调理 → 信号处理 → 显示装置 → 观察人员

图 1－1　传统测试系统组成

图 1－1 中信号处理和显示装置等环节，目前的发展趋势是经 A/D(模/数)转换后采用计算机等进行分析、处理，并经 D/A(数/模)转换显示被测量。人们习惯把这种具有自动化、智能化、可编程化等功能的测试系统称为现代测试系统。如图 1－2 所示，它以计算机为中心，将数据采集(模/数转换)与传感器相结合，能够实现信号远距离传输。

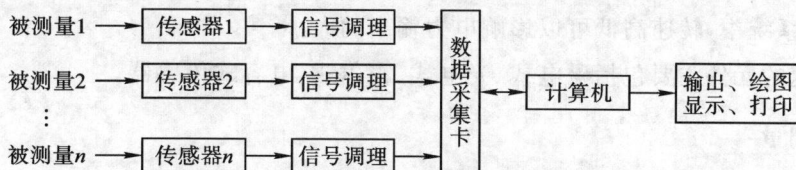

被测量1 → 传感器1 → 信号调理 →
被测量2 → 传感器2 → 信号调理 → 数据采集卡 ←→ 计算机 → 输出、绘图显示、打印
⋮
被测量n → 传感器n → 信号调理 →

图 1－2　现代测试系统组成

通过测量获取被测量的量值属性、变化规律等信息，该过程须借助于对其载体——信号的研究来进行。测量的目标是根据测量对象的性质，采用相应的测量原理，选择合适的测量仪器和测量方法，把被测量或隐含于信号中的信息提取出来，获取能够正确反映客观事实的测量结果。

1.1.1 测量对象

不同的领域有不同的测量对象。在热能与动力机械工程领域，生产过程中涉及各种热工参数，如温度、压力、流量、转速、液位、功率等。

1. 温度测量

温度是表征物体冷热程度的物理量。从微观看,温度是描述系统不同自由度之间能量分布状况的基本物理量,它标志着物体内部分子无规则运动的剧烈程度,是大量分子热运动的宏观表现。温度是影响热力设备效率和传热过程的主要因素,是保证热力设备和管道安全运行的重要参数,因此温度的准确测量对保证生产过程的安全和经济性具有重要的意义。

测量温度的元件主要包括热电阻、热电偶、双金属温度计。

2. 压力测量

压力是指物体单位面积上所受的垂直作用力。压力是表征生产过程中工质状态的基本参数之一,只有通过对压力和温度进行测量才能确定各种工质所处的状态。为了保证工质状态符合设计要求,压力和温度一样,都是不可缺少的测量参数。

测量压力的元件主要包括压阻式、电容式、压电式传感器。

3. 流量测量

流量是反映生产过程中物料、工质或能量的产生和传输的量。由于流体的流量直接反映设备效率、负荷高低等运行情况,因此测量、监视流体的流量对于生产的安全性和经济性具有重要的意义。

测量流量的元件主要包括容积式、涡轮式、差压式传感器。

4. 转速测量

转速是指物体旋转的频率,即单位时间内旋转的圈数或角度。转速是动力机械系统运转状态的关键参数之一,对各种动力机械设备的高效运行和安全性起着重要作用。转速能够直接决定机械装置的功率输出,通过控制转速可以调节机械设备的工作效率和性能。例如,在发电机系统中,转速高低可以影响电力输出的大小。

测量转速的元件主要包括磁电式、光电式、霍尔式、电容式传感器。

5. 液位测量

液位是指液体表面的高度,表示液体在容器中的水平位置。一般情况下,液位允许在一定范围内变化和波动,从而保证系统的稳定和可靠运行,液位变化超出规定范围就需要及时控制,避免出现意外。因此,及时准确地测量容器液位,并将其控制在规定范围内,对保证安全生产、经济运行具有重要意义。

测量液位的元件主要包括浮球式、压力式、电容式、超声波式液位传感器。

6. 功率测量

功率是表征动力机械性能的一个参数,是描述设备工作能力的物理量,表示单位时间内产生或消耗的能量。它具有重要的理论和实际意义,在热能与动力机械领域有广泛的应用。

通过优化功率的使用可以提高设备性能和效率,并降低能源消耗。在实际应用中,可以使用测功器、扭矩传感器等来测量和计算功率。

1.1.2　传感器

传感器、信号调理、信号处理及输出单元组合在一起称作变送器,又称为传感器。

传感器是与测量对象直接产生联系的部分,感受被测量变化,直接从测量对象中提取被测量信息,称为一次仪表;传感器由敏感元件构成,敏感元件是传感器的核心部分,它常由金属或非金属材料做成,当承受外力作用时产生弹性变形,当去除外力后,弹性变形消失并能完全恢复其原来的尺寸和形状。

信号调理单元将传感器输出的信号转化成统一信号、放大、滤波、线性化,变换元件将感受到的非电量(如压力、温度等)直接变换为电参量(统一信号),如应变计、压电晶体、光电元件及热电偶等。电信号是最适合传递、处理和定量运算的物理量之一,因此,测量温度、压力、转速、流量等物理量的传感器输出的通常是电信号。放大电路是将传感器输出的微弱信号放大到一定程度,以便后续处理,通常采用运算放大器等电子元件实现。滤波电路可以去除噪声和杂波等干扰信号,使得输出信号更加稳定可靠,常见的滤波电路有低通滤波、带通滤波等。由于传感器输出信号与被测物理量并不总是线性关系,因此需要进行线性化处理,将非线性曲线转换为直线段,使得后续处理更加方便。

信号处理及输出单元的任务是对来自信号调理环节的信号进行各种运算和分析,输出模块将处理后的信号转换为标准信号输出,常见标准信号有 $4\sim20$ mA、$0\sim10$ V 和 $0\sim5$ V。$4\sim20$ mA 信号是最常见的变送器输出信号之一,它具有线性度好、抗干扰能力强、传输距离远等优点;$0\sim10$ V 信号是另一种常见的变送器输出信号,其优点包括精度高、传输距离较远、线性度优秀等,通常被用于对精度要求较高的场合,如压力、温度等传感器的输出;$0\sim5$ V 信号类似,但电压范围更小,通常用于小型传感器的输出,如液位、流量等传感器的输出。需要注意的是,不同的系统、设备、传感器可能对输入信号有不同的要求,因此在选择变送器时需要根据具体的应用场景进行选择。

在热能与动力机械测试技术实验中,根据测量对象,选择合适的传感器进行测量。按照被测物理量的不同,传感器可分为温度传感器、压力传感器、流量传感器、转速传感器和液位传感器等。

1. 温度传感器

温度是不能被直接测量的,只能通过物体随温度变化的某些特性(如电阻、电势等)进行间接测量。热电式传感器是一种将温度变化转换为电量变化的装置,它利用测温敏感元件的电磁参数随温度的变化特征达到测量的目的。通常将被测温度转化为敏感元件的电阻、电压或电流变化,通过适当的电路测量,就可由这些电参数的变化来表达所测温度的变化。温度传感器主要类型:热电阻、热敏电阻和热电偶。

1）热电阻

热电阻是利用导体的电阻值随温度变化而变化的原理进行测温的，一般测温范围是
−200～850 ℃，目前常采用铜热电阻和铂热电阻，根据 0 ℃时热电阻值的不同又分为不同
的分度号，如 Pt100、Pt1000、Cu50 等。以 Pt100 为例，Pt 代表铂，100 代表 0 ℃时热电阻的
阻值是 100 Ω，热电阻的特点是测量范围宽、精度高、稳定性好等。

2）热敏电阻

热敏电阻是利用某种半导体的电阻值随温度显著变化的原理进行测温的，一般测温范
围是−50～300 ℃，适用于高灵敏度的微小温度测量场合，稳定性及经济性好。

3）热电偶

由两种导体组合并将温度转换成热电动势的传感器称为热电偶，一般测温范围是−50～
1600 ℃，热电偶目前大体上有 K、B、S 等分度号，分别代表不同的材质，以用于不同的温度范
围，例如，K 型为镍铬-镍硅，一般测量 0～800 ℃，B 型为铂铑 30 -铂铑 6，一般测温范围是
800～1600 ℃。热电偶的特点是结构简单、准确度高、测量范围宽、敏感度良好等，在温度测
量中应用较为广泛。

2. 压力传感器

压力传感器是一种可以将压力变量转换为标准输出电信号的仪器，压力变量与输出信
号之间存在一定的函数关系，通常由压力敏感元件和信号处理单元组成。

根据工作原理的不同，压力传感器可分为压阻式、电容式和压电式传感器。

1）压阻式

压阻式传感器是指利用单晶硅材料的压阻效应和集成电路技术制成的传感器。单晶硅
材料在受到力的作用后，电阻率发生变化，通过测量电路就可得到正比于力变化的电信号输
出。压阻式传感器有应变式、陶瓷式和扩散硅型：应变式传感器将压敏电阻以惠斯通电桥形
式与应变材料结合在一起，适合于测量 500 kPa～500 MPa 的量程范围，具有高量程（1 MPa
以上）、线性好、温度漂移小、灵敏度较低、精度高的优点；陶瓷式传感器将压敏电阻以惠斯通电
桥形式与陶瓷烧结在一起，适合于测量 50 kPa～40 MPa 以上的高量程范围，具有耐腐蚀、温度
范围较宽、灵敏度较高的优点；扩散硅型将压敏电阻以惠斯通电桥形式在硅片上注入粒子，适
合于测量 1 kPa～40 MPa 的范围，具有温度漂移较大、灵敏度高、精度高的优点，但不适合测量
黏稠的介质。总之，压阻式压力传感器的主要特点是体积小、重量轻、精度高、稳定性好。

2）电容式

电容式传感器是以电容器作为传感元件，将被测物理量转换为电容变化量的一种装置。
电容式传感器的原理是将压差变化转换为电容量变化，再通过电容检测电路转换为 4～
20 mA 标准信号输出。被测介质的两种压力分别输入高低两个压力室，作用在敏感元件两
侧的隔离膜片上，通过隔离片和元件内的填充液传送到测量膜片两侧，测量膜片和绝缘片两
侧的电极组成一个电容器。当两边的压力不同时，测量膜片就会发生位移，其位移量和压力差

成正比,两边的电容量也会不同。电容量的变化被测量电路检测到,并通过振荡和解调环节,转换成与压力成正比的电信号。电容式传感器的特点是灵敏度高、测量范围宽,适合测量 10 Pa～60 MPa 的压力范围,精度高。

3)压电式

压电式传感器是基于压电效应的传感器,它的敏感元件由压电材料制成。当压电材料的晶体受到某固定方向外力的作用时,内部产生电极化现象,同时在某两个表面上产生符号相反的电荷,当外力撤去后晶体恢复到不带电的状态,晶体受力所产生的电荷量与外力的大小成正比。电荷经电荷放大器和测量电路放大及变换阻抗后变成正比于所受外力的电量输出。压电式传感器体积小、结构简单、测量范围宽,可测 100 MPa 以下的压力,测量精度较高,频率响应可达 30 kHz,是动态压力检测中常用的传感器,但由于压电元件存在电荷泄漏,故不宜测量缓慢变化的压力和静态压力。

根据压力类型的不同,压力传感器可分为表压型、绝压型和差压型传感器。

1)表压型

表压型传感器用于测量相对于大气压力的压力值。它将大气压通过变送器电缆中的导气管引到压力传感元件的一端与被测压力进行比较,两个压力的差值即为测得的压力。表压型传感器适用于需要测量相对于大气压力的正压力值的场景,如流体压力监测等。

2)绝压型

绝压型传感器用于测量相对于真空的压力值。它需要与一个已知真空环境相连,以提供参考压力。绝压型传感器可测量负压力值,包括真空或低于大气压力的压力值,适用于需要测量负压力值的场景,如真空设备、密闭容器等。

3)差压型

差压型传感器是一种用于测量液体或气体压力差的传感器。它通过将液体或气体引入两个压力受体中,在两个受体中产生压力差。差压型传感器可用于监测管道中的流体流动情况,通过测量流体在管道两侧产生的压力差来计算流速。

3. 流量传感器

流量传感器是测量单位时间内流经管道某截面的流体体积或质量的传感器。流量传感器应用广泛,是工业和日常生活中较常见的一种传感器。根据工作原理的不同,流量传感器可以分为以下几种类型。

1)容积式

容积式传感器是根据排出流体体积进行流量累计的传感器,其工作原理是基于容积和时间的关系,测量流体通过传感器内部的容积的变化并将其转换为电信号,电信号被测量和记录设备读取,从而得到流体的流量数据。容积式传感器具有准确度高、响应速度快、可靠性好等优点,但传感器的精度受到流体温度、压力和黏度等因素的影响。

2)涡轮式

涡轮式传感器是利用流体对涡轮的冲击力来测量液体或气体流量的传感器。流体通过管道时,冲击涡轮叶片使涡轮旋转。涡轮旋转角速度与流体流速成正比,液体流动带动涡轮旋转,切割由壳体内磁钢产生的磁力线产生磁通变化。传感器线圈将检测到的磁通周期变化信号送入前置放大器放大,产生与流速成正比的脉冲信号,通过电路运算得到流量值。涡轮式传感器精度高、结构简单、测量范围宽、压力损失小。

3)差压式

根据伯努利定律,当流体通过管道时,流速增大,压力就会降低;反之,流速减小,压力就会增加。基于这个原理,差压式传感器利用管道中流体的压力差来间接测量流量。传感器将压力信号转化为电信号,经过放大、滤波等处理后,通过显示装置显示出实时的流量数值。差压式流量传感器的优点在于其结构简单、响应快、测量范围更广,适用于各种流体介质和工作条件;缺点是安装和维护较为复杂,对流体的物性参数较为敏感,如温度、压力等变化会对测量结果产生影响,因此需要进行相应的校准和补偿。

4. 转速传感器

转速传感器是将旋转物体的转速转换为电量输出的装置。根据其工作原理和应用领域的不同,转速传感器可以分为多种类型。

1)磁电式传感器

磁电式转速传感器是利用电磁感应原理来测量转速的装置。它通过感应旋转物体所产生的磁场变化来测量转速,并将转速信号转换为电信号输出。磁电式转速传感器具有结构简单、稳定可靠、无需外接电源等特点,广泛应用于发电机、电动机等设备中。

2)光电式传感器

光电式转速传感器是利用光电效应来测量转速的装置。它通过感应旋转物体上的反射或透过光信号的变化来测量转速,并将转速信号转换为电信号输出。光电式转速传感器具有工作稳定、抗干扰能力强等优点,广泛应用于印刷机械、纺织机械等行业。

3)霍尔式传感器

霍尔式转速传感器是一种利用霍尔元件感应磁场变化来测量转速的装置。它通过感应磁场的变化来探测旋转物体的转速,并将转速信号转换为电信号输出。霍尔式转速传感器具有体积小、响应速度快、精度高等优点,广泛应用于汽车发动机、工业机械等领域。

4)电容式传感器

电容式转速传感器是利用电容变化来测量转速的装置。它通过感应旋转物体与电极之间的电容变化来测量转速,并将转速信号转换为电信号输出。电容式转速传感器具有结构简单、精度高等特点,广泛应用于航空航天、船舶等领域。

5. 液位传感器

液位传感器是一种用于测量液体高度或容器内液体的表面位置的装置。液位传感器根据工作原理的不同,可以分为多种类型。

1)浮子式液位传感器

浮子式液位传感器是最常见的一种液位传感器。它利用一个浮子随液体的变化而上下浮动,通过与杠杆、磁环或光电装置的连接来感测液位高度。浮子式液位传感器广泛应用于液体存储器、罐车和槽。它的优点是结构简单、使用方便,但受环境条件和介质属性的限制。

2)压力式液位传感器

压力式液位传感器是通过测量液体压力来确定液位变化的传感器,它将液体中的压力转化为电信号输出。压力式液位传感器适用于容器中的液体温度为常温的情况。

3)电容式液位传感器

电容式液位传感器是以各种电容器作为传感元件,将介质液位的变化转换为电容量的变化的传感器。电容式液位传感器精度高、响应迅速,适用于高温、高压等恶劣环境,并且适用于各种介质。

4)超声波式液位传感器

超声波式液位传感器是利用超声波测量液位高度的传感器,它将超声波通过液体传输,利用超声波的反射和回波时间来测量液位高度。超声波式液位传感器适用于各种恶劣环境和介质,如腐蚀性液体和高黏度液体。

1.1.3 数据采集及显示

对于传统测试系统,传感器将被测物理量转换为电信号,供给二次仪表。二次仪表将传感器输出的电信号进行处理、转换,显示或间接计算出所检测的被测物理量数值。例如,光电传感器在测量电机转速时,将光能转换为电信号输出到示波器,显示脉冲波形,由脉冲波形可知周期(频率),根据转速和周期(频率)之间的函数关系即可计算出转速。常见的二次仪表有温度、压力、流量、液位等显示仪表。

随着科学研究的不断深入和生产实践的要求,需要处理的数据量越来越多,需要的测量信息也越来越精确,且有时需要远距离传输。传统测试系统已经无法满足要求,数据采集卡和计算机应势应用到现代测试系统中。传感器输出的是模拟信号而计算机可以接收的是数字信号,数据采集卡可将传感器产生的电信号也就是模拟信号转化为计算机可以接收的数字信号。

数据采集指采集温度、压力、流量、液位等模拟量,转换成数字量,由计算机进行存储、处理、显示、绘图、打印的过程。下面简单介绍数据采集、数据显示的相关知识,掌握这些内容对设计搭建实验台、开展实验及处理实验数据至关重要。

1. 数据采集

数据采集是实验中非常关键的一步,它涉及以下几个主要环节:①模拟信号输入:数据采集卡可以接收不同类型的模拟信号,如电压、电流、温度、压力等,这些信号通常来自于传感器或其他测量设备。②模/数转换:模拟信号只有通过 A/D 转化为数字信号后才能用软件进行处理,通过模/数转换器实现。模/数转换器是数据采集卡的核心组件,可将模拟信号转换为数字信号,其精度和速度是数据采集卡性能的关键指标,通常用位数和采样率来衡量。③数字信号输出:数字信号通过数据采集卡的输出接口(如 USB、PCI、PCIe 等)传输到计算机,然后可用数据处理软件进行分析、存储或实时监控。

数据采集卡是一种用于将模拟信号转换为数字信号的计算机外围设备,它从各种传感器和仪器中捕获数据,并将其转换为计算机能够处理的数字格式。它通常包括模拟前端电路、模/数转换器、时钟电路和接口电路等组成部分。数据采集卡通过模拟前端电路获取待测量的模拟信号,然后使用模/数转换器将其转换为数字信号,这些数字信号由时钟电路进行同步采样,最终通过接口电路传输到计算机中进行进一步处理。常用数据采集卡包括以下几种:

1)USB 数据采集卡

它是一种使用 USB 接口的数据采集卡,通常连接在计算机的 USB 口上。由于 USB 接口具有通用性和易用性,USB 数据采集卡使用起来比较方便,适用于需要便携、简单、低成本的数据采集场合。但是,由于 USB 接口传输速度有限,因此在高速采集等场合不太适合。

2)PCI 数据采集卡

它是一种使用 PCI 接口的数据采集卡,通常安装在计算机的 PCI 插槽上。由于 PCI 接口的带宽较大,因此 PCI 数据采集卡在数据传输速度方面具有优势,适用于需要高速稳定数据传输的场合,如高速数据采集。

3)PCIe 数据采集卡

它是一种使用 PCIe 接口的数据采集卡,通常安装在计算机的 PCIe 插槽上。PCIe 接口比 PCI 接口速度更快,因此 PCIe 数据采集卡在数据传输速度方面比 PCI 数据采集卡更具优势。适用于需要更高速稳定数据传输的场合,如高速 AD 采集等。

4)Ethernet(以太网)数据采集卡

它是一种使用以太网接口的数据采集卡,通常连接在计算机的网口上。以太网接口的优势在于距离限制较低,可以在局域网内进行数据采集。适用于远程数据采集等场景。

2. 数据显示

在传统测试系统中,一般使用显示仪表、示波器等完成数据显示;在现代测试系统中,最常用的处理和显示实验数据的仪器有 LabView 虚拟仪器。

所谓虚拟仪器,就是在通用计算机平台上,用户根据需求来定义和设计仪器的测量功能。其实质是将可以完成传统仪器功能的硬件和计算机软件技术充分地结合起来,用以实现并扩展传统仪器的功能,来完成数据采集、分析及显示。虚拟仪器系统技术的基础是计算机系统,核心是软件技术。虚拟仪器由硬件设备与接口、设备驱动软件和虚拟仪器面板组成。其中,硬件设备与接口是各种以 PC 为基础的内置功能插卡、通用接口总线接口卡、串行口、VXI 总线仪器接口等设备,设备驱动软件是直接控制各种硬件接口的驱动程序,虚拟仪器通过底层设备驱动软件与真实的仪器系统进行通信,并以虚拟仪器面板的形式在计算机屏幕上显示与真实仪器面板操作元素相对应的各种控件。

LabView 是美国国家仪器（National Instruments，NI）公司开发的一种图形化编程语言（通常称为 G 语言），它的全称是 Laboratory Virtual Instrument Engineering Workbench，即实验室虚拟仪器集成环境。LabView 程序称为"虚拟仪器程序"，主要包括前面板、程序框图、图标/连接器三部分。前面板是一种交互式图形化用户界面，用于设置输入数值和观察输出；程序框图是定义 VI 功能的图形化源代码，可利用图形语言对前面板的控制量和指示量进行控制；图标/连接器窗格用于把程序定义成一个子程序，以便在其他程序中加以调用。LabView 的函数库包括数据采集、串口控制、数据分析、数据显示及数据存储等。

因篇幅限制且 LabView 虚拟仪器不属于本实验教程重点介绍的范畴，因此不进行系统性介绍，有兴趣的读者可参阅相关教材或技术资料。

1.1.4　设备、管路及阀门

热能与动力机械测试实验系统一般由设备、管路、阀门和测试系统组成。测试系统已在前面小节介绍，下面简单介绍实验系统中常涉及的设备、管路及阀门。

1. 设备

实验中常见设备包括：泵、风机、电机、加热器、水箱和水槽等。

1）泵

泵是用来增压输送液体或气体的机械，按工作原理可分为容积式泵、叶轮式泵和喷射式泵。容积式泵靠工作部件的运动造成工作容积周期性地增大和缩小而吸排液体，并靠工作部件的挤压而直接使液体的压力能增加，分为往复泵和回转泵两类；叶轮式泵靠叶轮带动液体高速回转而把机械能传递给所输送的液体，分为离心泵、轴流泵、混流泵和漩涡泵；喷射式泵靠工作流体产生的高速射流引射流体，然后再通过动量交换而使被引射流体的能量增加，分为电动泵和气动泵。

2）风机

风机是一种用于压缩和输送气体的机械。按工作原理可分为离心风机、轴流风机和混流风机。离心风机根据离心作用的原理制成，气流轴向驶入风机叶轮后，在离心力作用下被压缩并沿径向流动。轴流风机中的气流轴向进入风机叶轮后，在旋转叶片的流道中沿着轴线方向流动，轴流风机具有流量大、体积小、压头低的特点。混流风机中的气体与主轴呈某一角度进入旋转叶道，近似沿锥面流动，故可称为斜流式（混流式）风机，这种风机的压力系数比轴流式风机高，而流量系数比离心式风机高。

3）电机

电机是指依据电磁感应定律实现电能的转换或传递的一种电磁装置，俗称马达，它的主要作用是产生驱动转矩，作为各种机械的动力源。按工作原理可分为直流电机和交流电机。

4）加热器

加热器是一种常见的实验室加热设备，主要用来加热流体，一般用在温度测量实验中。

5）水箱和水槽

水箱主要的作用是储存和供应水源；常用的水槽有恒温水槽，其主要作用是稳定水温，使实验操作能够在一定的温度范围内进行，其工作原理是通过控制加热电源发出的信号大小来调整温度，使其维持一个稳定的值。

2.管路及阀门

1）管路

实验中最常用的流体管路包括水路和气路，流体管道通常包括钢管、铸铁管、塑料管等。根据管道的外径，可分为小口径管道（外径小于 DN50）和大口径管道（外径大于等于 DN50）。一般来说，管道的直径可分为外径、内径、公称直径，采用公称直径（符号 DN）目的是根据公称直径确定管件、阀门、法兰、垫片等结构尺寸与连接尺寸。选择合适的流体管道规格尺寸，既需要根据管道使用场景、工作压力、流量等要素进行测算，还需要了解不同管材的特性和安装难度。

2）阀门

阀门是用来开闭管路、控制流向、调节和控制输送介质的参数（如温度、压力和流量）的管路附件。根据其功能，可分为关断阀、止回阀、调节阀等。

关断阀是起开闭作用的，常设于冷热源进出口、设备进出口及管路分支线（包括立管）上，也可用作放水阀和放气阀，常见的关断阀有闸阀、截止阀、球阀和蝶阀等；止回阀用于防止介质倒流，利用流体自身的动能自行开启，反向流动时自动关闭，常设于水泵出口、疏水器出口及其他不允许流体反向流动的地方，常见的止回阀有旋启式、升降式等；调节阀又称为控制阀，通过接受调节控制单元输出的控制信号，借助动力操作去改变介质流量的控制元件，一般由执行机构和阀门组成，调节阀可以按照信号的方向和大小，改变阀芯行程来改变阀门的阻力数，从而达到调节流量的目的，常见的调节阀有电动、气动和液动调节阀等。

1.2 测量的基本知识

1.2.1 测量的基本概念

测量就是借助专门的仪器和设备，通过实验的方法将被测量与同性质的标准量（即测量单位）进行比较，以确定出被测量是标准量多少倍数的过程。所得到的倍数就是被测量的值，即

$$L = \frac{x}{b} \tag{1-1}$$

式中：x 为被测量；b 为标准量（测量单位）；L 为得到的被测量的值，即得到的测量结果。

从式中可以看出，被测量的值与所选用的测量单位有关，因此当选用的测量单位不同时，测量结果也将发生改变。测量单位人为规定，并得到国家或国际公认。

被测量也称被测参数,如温度、压力等。在测量过程中,随时间变化的被测量称为动态量,不随时间变化的被测量称为静态量。严格来说不存在绝对的静态量,实际中一般会把随时间变化不大或相对测量时间变化不大的动态量当作静态量处理。

不同的领域有不同的测量项目和特点。在热能与动力机械测试技术实验中,需要测量的基础物理量有温度、压力、流量、流速、转速、液位及功率等。通过对这些物理量的测量可以及时地反映设备或系统的运行工况,为自动控制准确、及时地提供所需信号。因此,测量是保证设备安全、经济运行及实现自动控制的必要手段。

1.2.2　测量过程

被测量与其测量单位用实验方法进行比较,需要一定的设备输入被测量,再输出被测量与单位的比值,这种测量设备称为测量仪表。要知道被测量的值,必须利用测量仪表对其检测,被测参数通过仪表以能量形式进行一次或多次转化和传递,最后显示出被测量的测量值,这一过程称为测量过程。

测量的关键在于将被测量和测量单位进行比较,但被测量能直接与测量单位进行比较的场合并不多,大多数的被测量(或测量单位)往往需要变换成某个中间量才能便于二者比较。例如,使用热电偶配动圈仪表测量温度,就是将温度信号变换为电压信号,测量单位是动圈表盘上的刻度,中间量为电压信号。

1.2.3　测量的基本方法

在热能与动力机械测试技术实验中,由于物理量的性质以及测量的目的和要求不同,测量方法和使用仪器也各不相同。测量方法是实现被测量与测量单位(亦称标准量)的比较,分类如下。

1. 按照获得测量结果的方法不同分类

1)直接测量

使用测量仪器直接测出被测数值的方法,称为直接测量。如用压力表测量压力、用温度计测量温度等。有些测量仪表虽然不一定能直接从分度尺上获得被测量的数值,但因参与测量的对象就是被测量本身,所以仍属于直接测量。例如,压力、温度信号转化为电信号,通过对电信号的测量来反映压力和温度的值仍属于直接测量。

直接测量是热能与动力机械测试技术实验中常用的测量方法,其优势在于简单直观、能够直接获得被测物理量的数值。但是直接测量方法存在一些限制:对于一些特殊或难以观察的物理量,直接测量方法无法实施;由于仪器的限制或人为因素的影响,直接测量方法的精度可能不足以满足需求,这时就需要使用间接测量。

2)间接测量

间接测量是指通过测量与所需物理量有关的其他物理量,然后通过数学关系来计算目标物理量的方法。如内燃机功率(kW)，可借助函数关系式 $P=\dfrac{2\pi Tn}{6\times10^4}$ 求得，其中 T 为内燃机曲轴转矩(N·m)，n 为转速(r/min)。T 和 n 分别采用转矩仪和转速仪直接测量，然后使用函数关系式计算相应的功率 P。

间接测量费时费力，一般在直接测量不方便、误差较大或不能直接进行测量等情况下才采用。

2. 按照仪表特性不同分类

1)接触式测量

检测仪表的传感器与被测对象直接接触，承受被测量作用，感受其变化，获得信号并检测信号大小，这种测量方法称为接触式测量，如使用弹簧管压力表测量介质压力。接触式测量的优点是测量系统结构简单、测量过程方便，缺点是传感器与介质直接接触，对接触面材质性能要求较高，且传感器直接受力可能会发生形变或损坏。

2)非接触式测量

检测仪表的敏感元件不必直接与被测对象接触，而是间接承受其作用，感受其变化，这种测量方法称为非接触式测量，如使用磁电式传感器测量直流电机转速。非接触式测量的优点是安全性好、可靠性强，缺点是精度相对较低、价格较高。

1.3　测量误差的计算

测量误差分为系统误差、随机误差、粗大误差。系统误差是指测量过程中由于仪器的精度、测量方法和测量者的技能造成的有规律的误差；随机误差是由测量过程中许多独立的、微小的、偶然的因素构成的综合结果，也称为偶然误差；粗大误差是由于测量者粗心或操作失误等引起的误差，也称为疏忽误差。

当获得一组原始测量数据后，进行误差计算与分析的基本步骤包括：①修正系统误差；②剔除粗大误差；③在确定不存在系统误差与粗大误差的情况下，对随机误差进行分析和计算。

以下关于不同测量类别的误差计算都是在完成①、②步骤的基础上进行的。

1.3.1　直接测量误差的计算

直接测量分为单次直接测量和多次直接测量。

单次测量结果的误差一般用仪表的额定误差来表示。被测结果中可能出现的最大相对误差用下式表示：

$$\gamma_x=\pm\frac{x_m}{x}a\%\qquad\qquad(1-2)$$

式中：a、x_m 分别为仪器仪表准确度等级和量程；x 为测量结果。

如果对某一被测量进行多次测量,不仅应考虑仪表的额定误差,还应考虑随机误差的影响。若多次测量的平均值为 $\bar{x}$,算术平均值的标准偏差值为 $\sigma(\bar{x})$,则测量值的误差计算如下:

$$\Delta x = \pm \left[ax_m\% + 3\sigma(\bar{x}) \right] \tag{1-3}$$

1.3.2　间接测量误差的计算

间接测量是指被测量的数值不能直接从测量仪器上读得,而是需要通过测取其他参数值,再经过相关的函数关系计算求得。

设被测量为 y,其关联的可直接测量的量为 $x_1, x_2, \cdots, x_n$,它们之间的函数关系如下:

$$y = f(x_1, x_2, \cdots, x_n) \tag{1-4}$$

已知各直接测量结果的测量误差为 $\Delta x_1, \Delta x_2, \cdots, \Delta x_n$,引起间接测量结果的误差为 Δy,则

$$y + \Delta y = f(x_1 + \Delta x_1, x_2 + \Delta x_2, \cdots, x_n + \Delta x_n) \tag{1-5}$$

将上式按泰勒级数展开,并略去高阶小量后得

$$\Delta y = \frac{\partial f}{\partial x_1} x_1 + \frac{\partial f}{\partial x_2} x_2 + \cdots + \frac{\partial f}{\partial x_n} x_n \tag{1-6}$$

式(1-6)即间接测量误差的一般表达式,也称为间接测量的误差传递函数。

1.3.3　测量不确定度的评定

测量不确定度是指由于测量误差的存在而对测量结果不能确定的程度,是被测量的真值在某个测量范围内的评定,用于表征合理地赋予被测量值的分散性。通过计算不确定度可以得到实验数据的误差范围,帮助实验者判断实验数据的可靠性和精度,也可以帮助实验者优化实验流程,从而减少实验数据中的误差和不确定性。

测量不确定度一般有多个分量,按其评定方法的不同,测量不确定度可分为 A 类不确定度分量和 B 类不确定度分量。A 类不确定度分量是指用统计方法所做的不确定度评定结果,用符号 u_A 表示;B 类不确定度分量是指用其他方法评定的结果,用符号 u_B 表示。

1)A 类标准不确定度评定方法

A 类标准不确定度是用统计的方法进行估计的,与随机误差的评定方法一样,均基于贝塞尔公式法。当被测量 x 在重复性条件下测量 n 次,得到 n 个测量值 $x_i (i=1,2,3,\cdots,n)$,算术平均值的标准偏差值为

$$\sigma(\bar{x}) = \frac{\sigma(x)}{\sqrt{n}} = \sqrt{\frac{\sum_{i=1}^{n} (x_i - \bar{x})^2}{n(n-1)}} \tag{1-7}$$

通常以算术平均值 $\bar{x}$ 作为被测量的最佳估计值,以算术平均值的标准偏差作为被测量的标准不确定度,即 A 类评定的标准不确定度为 $u_A = \sigma(\bar{x})$。

2)B 类标准不确定度评定方法

B 类不确定度的评定根据经验和资料及假设的概率分布估计的标准偏差表征,是基于实验或其他信息来估计的,含有主观鉴别的成分。B 类评定的主要信息来源有以前测量的数据、生产厂家的技术说明书、仪器检定证书或校准证书、测量仪器特性等。B 类不确定度评定方法较为复杂,本书不做详细介绍,有兴趣的读者可参阅《中华人民共和国国家计量技术规范》(JJF 1059—1999)中相关章节内容。

3)合成不确定度的确定方法

合成不确定度是指当测量结果由若干个其他量求得时,其值等于这些量的方差和(或)协方差加权和的正平方根,用符号 u_c 表示。当全部测量值 x 彼此独立或不相关时,合成不确定度 $u_c(y)$ 由下式计算得出:

$$u_c(y) = \sqrt{\sum_{i=1}^{N} \left(\frac{\partial f}{\partial x_i}\right)^2 u^2(x_i)} \tag{1-8}$$

式中:标准不确定度 $u(x_i)$ 既可以按 A 类也可以按 B 类方法评定。

第 2 章

温度测量

温度是表示物体冷热程度的物理量,能源与动力工程专业所有系统和部件都离不开温度。温度的测量不仅是科学研究的重要手段,也是工业生产过程中不可或缺的环节。温度的测量虽然时刻都能接触到,然而想要精确地测量温度却并没有想象中那么容易。因此,掌握温度测量技术,不仅能够精确地监测和调整能源与动力设备的温度、全面地了解系统温度的分布和变化规律等,而且能够对测量获取的温度数据的准确度进行评估。

2.1　温度传感器

根据传感器是否需要与被测对象直接接触,温度的测量分为接触式测量和非接触式测量两种。

(1)接触式测温方法是感温元件直接与被测对象相接触,两者之间进行充分的热交换,最终达到热平衡的测温方法,此时感温元件的某一物理参数的量值代表了被测对象的温度值。接触式测温方法具有结构简单可靠、准确度高的优点,但其感温元件会对被测温度场的分布造成影响,或接触不良等都会带来测量误差,此外高温和腐蚀性介质也会对感温元件的性能和寿命造成影响。

(2)非接触式测温方法是感温元件不与被测对象相接触,而是通过辐射进行热交换的测温方法。非接触式测温可避免接触式测温的缺点,具有较高的测温上限。非接触式测温的热惯性小,可达千分之一秒,便于测量运动物体的温度和快速变化的温度。与接触式测温相比,非接触式测温的设备较为昂贵,测温准确度容易受材料表面发射率等参数的影响,且其仅能测量表面温度,无法测量得到被测对象内部的温度场分布。因此,接触式测温仍是现在应用最广泛的测温方法之一。

接触式测温传感器主要包括膨胀式温度计、热电偶和热电阻三种,其中热电偶和热电阻可以实现自动化测量,是目前科研和工业中最常用的测温传感器。

2.1.1　热电偶温度计

热电偶是将温度信号转换成电势信号的传感器,配以测量毫伏的仪表或变送器可以实现温度的测量或温度信号的转换,具有结构简单、制作方便、测量范围宽、准确度高、性能稳定、复现性好、体积小、响应时间短等优点。

热电偶测温的原理基于塞贝克效应,如图 2-1 所示,两种不同材质的导体 A 和 B 连接在一起,构成一个闭合回路,当两个接触点 1 和 2 的温度不同时,回路中就会产生热电动势。热电偶回路热电势的大小,只与组成热电偶的材料和材料两端连接点处的温度有关,与热电偶丝的直径、长度及沿程温度分布无关。原则上来讲,只要回路中两种导体的材料不同,都会产生热电势,且热电势的大小只与热电偶两端接点的温度有关。如果 t_0 已知且恒定(称作热电偶的参比端),则回路总热电势 E 只是温度 t(称作热电偶的测量端)的单值函数 $E = f(t, t_0)$,使用电压表测得回路热电势即可得到温度 t 的值。

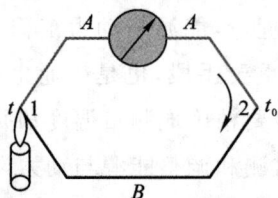

图 2-1　热电偶测温原理图

表 2-1 列出了国标 GB/T 16839.1—2018 中给出的几种国际上通用的标准化热电偶的正、负极材料及其测量范围。由不同配对的材料所构成的热电偶称为不同分度号的热电偶,每种分度号的热电偶具有相同的温度-电势关系表,即热电偶的标准分度表。

表 2-1　标准化热电偶材料及其测量范围

分度号	正极材料	负极材料	最高使用温度/℃		最低使用温度/℃
			长期	短期	
R	铂铑 13%	铂	1400	1600	−50
S	铂铑 10%	铂	1400	1600	−50
B	铂铑 30%	铂铑 6%	1500	1700	0
J	铁	铜镍	600	750	−210
T	铜	铜镍	300	350	−270
E	镍铬	铜镍	690	800	−270
K	镍铬	镍铝	1100	1200	−270
N	镍铬硅	镍硅	1200	1250	−270
C	钨铼 5%	钨铼 26%	2300(不能直接在空气中使用)		0
A	钨铼 5%	钨铼 20%	2500(不能直接在空气中使用)		0

在热电偶的标准分度表中，均以 $t_0 = 0\ ℃$ 作为参比温度。根据热电偶的标准分度表，可以将热电偶的温度和电势拟合成多项式的分度函数 $E = f(t)$，以及其反函数 $t = f(E)$。热电偶分度表、分度函数和反函数均可在国标 GB/T 16839.1—2018 中获得，表 2-2 和表 2-3 分别列出了 K 分度热电偶的正函数、反函数及其多项式系数。

表 2-2　K 分度热电偶的正函数及多项式系数

温度范围	多项式及系数/μV	温度范围	多项式及系数/μV
$-270 \sim 0\ ℃$	$E = \sum_{i=1}^{n} a_i (t_{90})^i$ 式中：$a_1 = 3.945\ 012\ 802\ 5 \times 10^1$ $a_2 = 2.362\ 237\ 359\ 8 \times 10^{-2}$ $a_3 = -3.285\ 890\ 678\ 4 \times 10^{-4}$ $a_4 = -4.990\ 482\ 877\ 7 \times 10^{-6}$ $a_5 = -6.750\ 905\ 917\ 3 \times 10^{-8}$ $a_6 = -5.741\ 032\ 742\ 8 \times 10^{-10}$ $a_7 = -3.108\ 887\ 289\ 4 \times 10^{-12}$ $a_8 = -1.045\ 160\ 936\ 5 \times 10^{-14}$ $a_9 = -1.988\ 926\ 687\ 8 \times 10^{-17}$ $a_{10} = -1.632\ 269\ 748\ 6 \times 10^{-20}$	$0 \sim 1372\ ℃$	$E = b_0 + \sum_{i=1}^{n} b_i (t_{90})^i +$ $c_0 \exp\left[c_1 (t_{90} - 126.968\ 6)^2\right]$ 式中：$b_0 = -1.760\ 041\ 368\ 6 \times 10^1$ $b_1 = 3.892\ 120\ 497\ 5 \times 10^1$ $b_2 = 1.855\ 877\ 003\ 2 \times 10^{-2}$ $b_3 = -9.945\ 759\ 287\ 4 \times 10^{-5}$ $b_4 = 3.187\ 094\ 574\ 9 \times 10^{-7}$ $b_5 = -5.607\ 284\ 488\ 9 \times 10^{-10}$ $b_6 = 5.607\ 505\ 905\ 9 \times 10^{-12}$ $b_7 = -3.202\ 072\ 000\ 3 \times 10^{-16}$ $b_8 = 9.715\ 114\ 715\ 2 \times 10^{-20}$ $b_9 = -1.210\ 472\ 127\ 5 \times 10^{-23}$ $c_0 = 1.185\ 976 \times 10^2$ $c_1 = -1.183\ 432 \times 10^{-4}$

表 2-3　K 分度热电偶的反函数及多项式系数

热电势及温度范围	多项式及系数/$℃$	热电势及温度范围	多项式及系数/$℃$
$-5891 \sim 0\ \mu V$ $-200 \sim 0\ ℃$	$t_{90} = \sum_{i=1}^{n} d_i E^i$ 式中：$d_1 = 2.517\ 346\ 2 \times 10^{-2}$ $d_2 = -1.166\ 287\ 8 \times 10^{-6}$ $d_3 = -1.083\ 363\ 8 \times 10^{-9}$ $d_4 = -8.977\ 354\ 0 \times 10^{-13}$ $d_5 = -3.734\ 237\ 7 \times 10^{-16}$ $d_6 = -8.663\ 264\ 3 \times 10^{-20}$ $d_7 = -1.045\ 059\ 8 \times 10^{-23}$ $d_8 = -5.192\ 057\ 7 \times 10^{-28}$ 误差：最大值：0.041 最小值：-0.018	$0 \sim 20644\ \mu V$ $0 \sim 500\ ℃$	$t_{90} = \sum_{i=1}^{n} d_i E^i$ 式中：$d_1 = 2.508\ 355 \times 10^{-2}$ $d_2 = 7.860\ 106 \times 10^{-8}$ $d_3 = -2.503\ 131 \times 10^{-10}$ $d_4 = 8.315\ 270 \times 10^{-14}$ $d_5 = -1.228\ 034 \times 10^{-17}$ $d_6 = 9.804\ 036 \times 10^{-22}$ $d_7 = -4.413\ 030 \times 10^{-26}$ $d_8 = 1.057\ 734 \times 10^{-30}$ $d_9 = -1.052\ 755 \times 10^{-35}$ 误差：最大值：0.033 最小值：-0.047

热电势及 温度范围	多项式及系数/℃	热电势及 温度范围	多项式及系数/℃
20644～54886 μV 500～1372 ℃	$t_{90} = \sum\limits_{i=1}^{n} d_i E^i$ 式中：$d_0 = -1.318\ 058 \times 10^2$ $d_1 = 4.830\ 222 \times 10^{-2}$ $d_2 = -1.646\ 031 \times 10^{-6}$ $d_3 = 5.464\ 731 \times 10^{-11}$ $d_4 = -9.650\ 715 \times 10^{-16}$ $d_5 = 8.802\ 193 \times 10^{-21}$ $d_6 = -3.110\ 810 \times 10^{-26}$ 误差：最大值：0.054 最小值：-0.046		

热电偶在实际使用时，将测量端与被测对象相接触并达到热平衡，将其参比端接至电压表，即可通过测量电势值获得被测对象的温度。图 2-2 是两种常用的热电偶参比端使用方法，在热电偶较为准确的使用方法中，其参比端需要保持为 0 ℃，通常是将参比端置于冰水混合物中。在工业使用中，如果对测温精度的要求不是特别高，也可以使用室温作为参比端，根据热电偶的分度表，通过式(2-1)修正获得测量温度。

$$E(t, 0) = E(t, t_0) + E(t_0, 0) \qquad (2-1)$$

通常工业中所使用的智能温度显示仪表即具有测量室温的功能，将热电偶的参比端直接接至仪表的接线端子上，仪表即可自动计算并获得测量端的温度值。

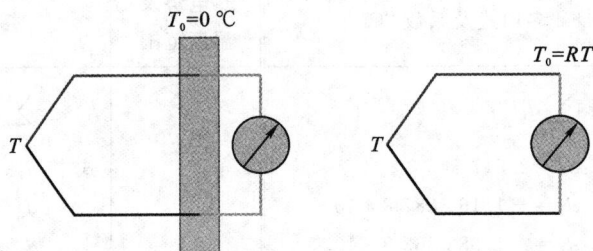

图 2-2 两种常用的热电偶参比端使用方法

2.1.2 热电阻温度计

热电阻分为金属热电阻和热敏电阻两种，其分别利用导体或半导体的电阻值随温度的变化规律来测量温度。

1. 金属热电阻(铂电阻)

金属热电阻通常使用铜或铂作为感温材料，其电阻随温度近似成线性增大的关系。在金属热电阻中,铂电阻的使用较为广泛。

铂电阻温度计分为标准铂电阻温度计和工业铂电阻温度计两种。标准铂电阻温度计是 ITS-90 规定的 13.8033～1234.93 K 的内插标准仪器,也是测温技术中准确度最高的温度计之一。标准铂电阻温度计虽然测温非常准确,但价格也非常昂贵。因此,实际测温中普遍使用工业铂电阻温度计进行－200～850 ℃的温度测量。工业铂电阻温度计在 0 ℃时的电阻值多为 100 Ω 或 1000 Ω,分别称为 Pt100 和 Pt1000 铂电阻温度计,其中 Pt100 铂电阻温度计的应用较为广泛。根据 JB/T 8622—1997 标准,工业铂电阻温度计的温度-电阻关系如式(2-2)和式(2-3)所示。

在－200～0 ℃:

$$R_t = R_0 [1 + At + Bt^2 + C(t-100)t^3] \tag{2-2}$$

在 0～850 ℃:

$$R_t = R_0 [1 + At + Bt^2] \tag{2-3}$$

式中:R_t 为温度为 t 时的电阻值;R_0 为温度为 0 ℃时的电阻值,A、B、C 为常数,$A=3.9083 \times 10^{-3} ℃^{-1}$,$B=-5.775 \times 10^{-7} ℃^{-2}$,$C=-4.183 \times 10^{-12} ℃^{-4}$。

铂电阻温度计在进行温度测量时,需要测量得到传感元件的电阻值,电阻测量可以使用万用表或电桥,相对于万用表,电桥测温是更为准确的测量方式。

铂电阻温度计按引线形式分为两线制、三线制和四线制三种,如图 2-3 所示。两线制铂电阻是在铂电阻感温元件的两端各连接一根导线的引线形式,其制作简单,但是引线电阻会对温度测量造成附加误差,该误差无论使用万用表或电桥测量时都无法避免,因此两线制铂电阻在使用时引线不宜过长。

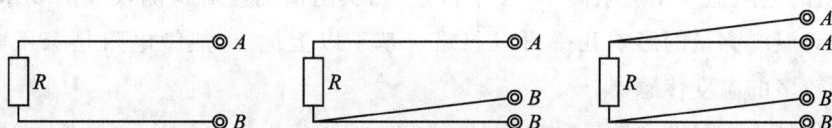

图 2-3　铂电阻温度计的引线形式

在铂电阻感温元件的一端连接一根引线,另一端连接两根引线的形式为三线制,要求三根导线长度和直径相同,即三根导线的电阻相同。三线制铂电阻测温通常使用电桥,连接方式如图 2-4 所示,感温元件两侧的引线电阻 R_w 接入电桥后与热电阻 R_t 共同构成电桥测量臂,三根导线的电阻相互抵消,不会对温度测量造成影响,因此三线制铂电阻在工业中的应用较为广泛。

在热电阻感温元件的两端各连接两根引线的形式为四线制,其与电桥的连接如图 2-5 所示。与三线制铂电阻相比,可以通过改变测量电阻中的电流方向,消除测量过程中的寄生电势的影响,通常用于高精度测量,如标准铂电阻温度计。

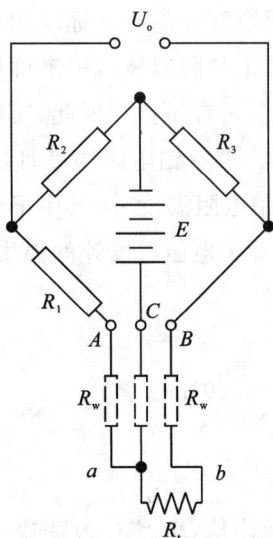

图 2-4 三线制铂电阻与电桥的连接方法　　图 2-5 四线制铂电阻与电桥的连接方法

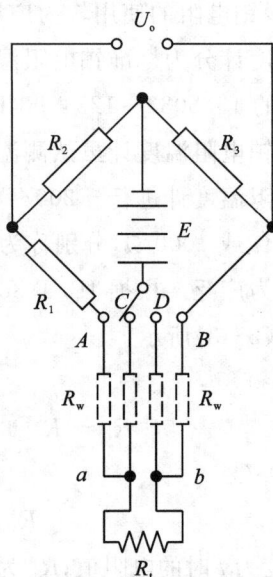

2. 热敏电阻

热敏电阻通常使用半导体材料作为感温元件,其体积小巧,测温响应速度快,价格非常低廉。热敏电阻的测温范围一般情况下为 -55~315 ℃,市售的热敏电阻测温范围不尽相同,介于该温度范围内的某一区间。热敏电阻的电阻值随温度呈指数增大或减小的关系,其电阻温度系数较金属大 10~100 倍。因此,热敏电阻相对于铂电阻的测温灵敏度更高。此外,热敏电阻的电阻值较铂电阻高 1~4 个数量级,其阻值测量对检测仪表的要求较低,且引出导线阻值对温度测量的影响几乎可以忽略。基于以上优点,热敏电阻是家用电器和汽车工业中应用较多的温度传感器。

热敏电阻分为正温度系数热敏电阻(positive temperature coefficient,PTC)和负温度系数热敏电阻(negative temperature coefficient,NTC)。PTC 热敏电阻的阻值随温度的升高而增大,从而能够起到限制电流的作用,因此 PTC 热敏电阻可直接用作恒温加热器,也可用作电路的过热、过流保护器。PTC 热敏电阻也可以用于温度测量,但其应用相对较少。

NTC 热敏电阻的阻值随温度的升高而减小,热敏电阻温度传感器大多由 NTC 热敏电阻制成。根据 JB/T 9477—2015 负温度系数热敏电阻器的规定,NTC 热敏电阻的电阻-温度特性由式(2-4)进行计算:

$$R_t = R_{25} \exp\left[B\left(\frac{1}{273.15+T} - \frac{1}{298.15}\right)\right] \tag{2-4}$$

式中:R_t 为热敏电阻在温度 T 时的电阻值,Ω;R_{25} 为热敏电阻在 25 ℃时的电阻值,Ω;B 为热敏常数,K,根据 JB/T 9476—2015 热敏电阻器通用技术条件的规定,其定义为

$$B = \frac{T_a \cdot T_b}{T_b - T_a} \ln \frac{R_a}{R_b} \tag{2-5}$$

式中：R_a 为在温度 T_a（单位为 K）下测定的零功率电阻值，一般按 25 ℃计算，Ω；R_b 为在温度 T_b（单位为 K）下测定的零功率电阻值，按 JB/T 9476—2015 的规定，一般选取（273.15＋85）K，Ω。

对于普通的热敏电阻，按照产品给定的 B 值，测量得到电阻值后代入式（2-4）即可得到温度测量值。在实际应用中，生产商提供的 B 值并不一定完全按照 85 ℃给出，还有的选取为 50 ℃、80 ℃和 100 ℃，甚至按不同温度分段给出。

热敏电阻属于化合物，受其物质组分和工艺过程的影响，其 B 值难以做到类似金属热电阻的电阻温度系数那样几乎固定不变，即使同一批次的两支热敏电阻，其 B 值也难以做到完全相同。因此，热敏电阻温度传感器的缺点是互换性差，性能不稳定，导致其测量精度不高。

随着工艺水平和制造技术的提高，目前已经可以制造出非常精密的热敏电阻，其测温稳定性和准确度甚至优于部分精密型的 Pt100 铂电阻温度计，但其测温范围相对较窄，同时价格相对较为昂贵。对于精密型的热敏电阻，如果使用生产商提供的 B 值进行温度测量，显然会降低温度测量的准确度。当使用精密热敏电阻时，首先需要使用恒温温度源和高等级的温度计，对热敏电阻在其所测量的温度范围内的电阻-温度关系进行标定，获得一系列电阻和温度的关系值，然后通过非线性拟合的方式获得该热敏电阻的电阻-温度计算公式，拟合公式可以与式（2-4）不同，但需要保证拟合偏差足够小。

2.2　温度测量实验

2.2.1　实验一　温度控制器连接传感器测温实验

1. 实验目的

(1)掌握温度控制器测量温度时的使用和设置方法；

(2)掌握热电偶参比端为室温时自动补偿的原理和方法；

(3)了解两线、三线和四线制铂电阻的使用方法和测量准确度。

2. 实验原理

温度控制器是工业中广泛使用的一种温度显示仪表，其内置了多种热电偶和 Pt100 铂电阻温度计的算法，将温度传感器接至测量仪表的接线端子处，通过测量仪表的前面板选择所使用的传感器类型，即可直接显示出所测量的温度值。一般的温度控制器不仅能够显示温度值，还可外接继电器或可控硅进行温度控制。本书以某 AI-518 型温度控制器为例，仅对其温度测量功能进行介绍。

图 2-6 和图 2-7 分别为 AI-518 型温度控制器的前面板和后面板。使用该温度控制器时，首先要将温度传感器接至其 18、19 和 20 端子处。温度控制器可接热电偶或三线制

Pt100 铂电阻温度计显示测量温度,测量表一般没有内置热敏电阻的温度算法,因此不能直接连接热敏电阻测温。

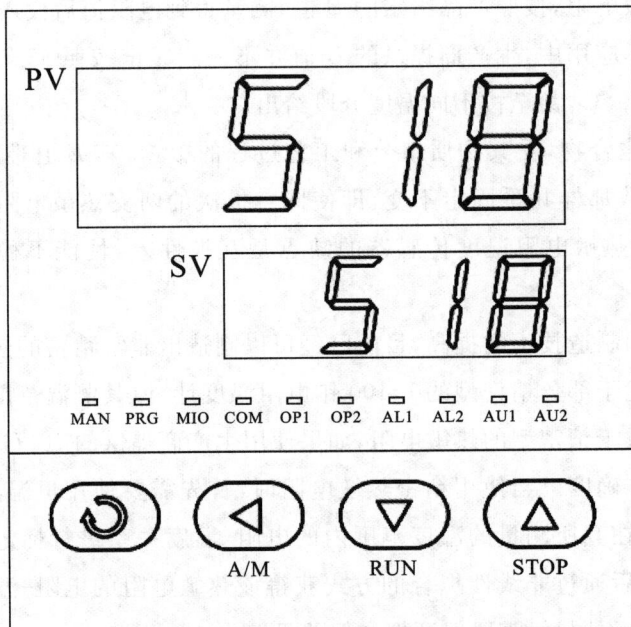

图 2-6　AI-518 型温度控制器前面板

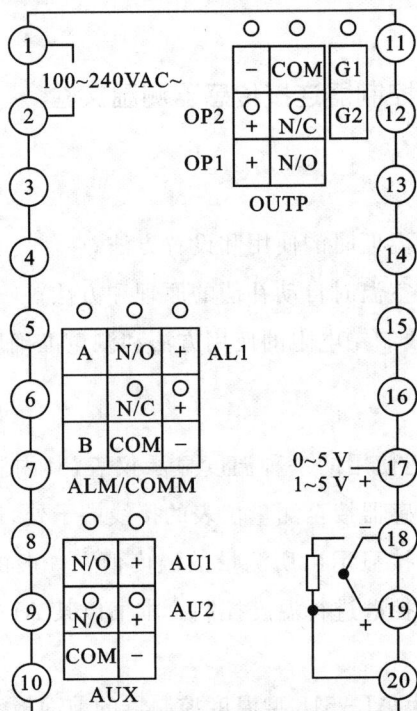

图 2-7　AI-518 型温度控制器后面板

1)温度控制器连接热电偶测温的方法

当使用温度控制器连接热电偶时,有两种测温方法。

图 2-8 是参比端为室温的连接方法示意图,直接将热电偶的两根偶丝分别接至温度控制器的 18(负极)和 19(正极)接线端子处,偶丝的正负极参照表 2-4。此时,室温由温度控制器自动测量获得,因此温度控制器所显示的值即为测量端的温度值。受温度控制器室温测量精度的影响,且室温时刻处于变化中,因此当使用室温自动补偿功能时,温度控制器的测量精度有限。

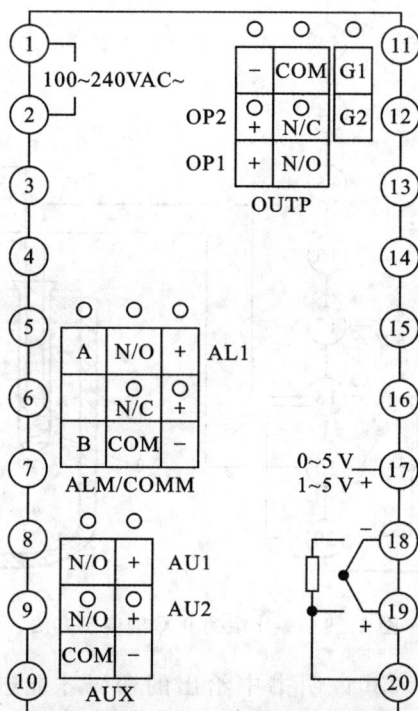

图 2-8　参比端为室温的连接方法

图 2-9 是参比端为 0 ℃的连接方法。将热电偶的参比端置于冰水混合物中,分别由两根导线连接并接至温度控制器的 18 和 19 接线端子处。由于此时不再需要由温度控制器测量获得室温,因此需要使用导线将温度控制器的 18 和 20 接线端子短接,关闭室温自动补偿功能。当使用外部参比端补偿的方式时,温度控制器能够较为精确地显示测量温度。

将温度控制器和热电偶连接后,需要在表中设置参数,主要是选择传感器的类型和设置显示位数。表 2-4 是 AI-518 型温度控制器的传感器参数设置表,表中"InP"为传感器的类型,"dPt"为温度显示值的小数点位数。该温度控制器可以接多种类型的热电偶和金属热电阻进行测温,传感器选定后需要输入所对应的"InP"数字。另外,从表中的"dPt"参数设置说明可知,对于 K 和 J 分度的热电偶,均有两组所对应的"InP"数字。例如,若使用 K 分度热电偶在 0~300 ℃的范围内测温时,将"InP"参数设置为 0 时,仅能显示小数点后 1 位。而将"InP"参数设置为 17 时,则可以显示小数点后 2 位。除 K 和 J 分度热电偶之外,其余热电偶最多仅能显示小数点后 1 位数字。

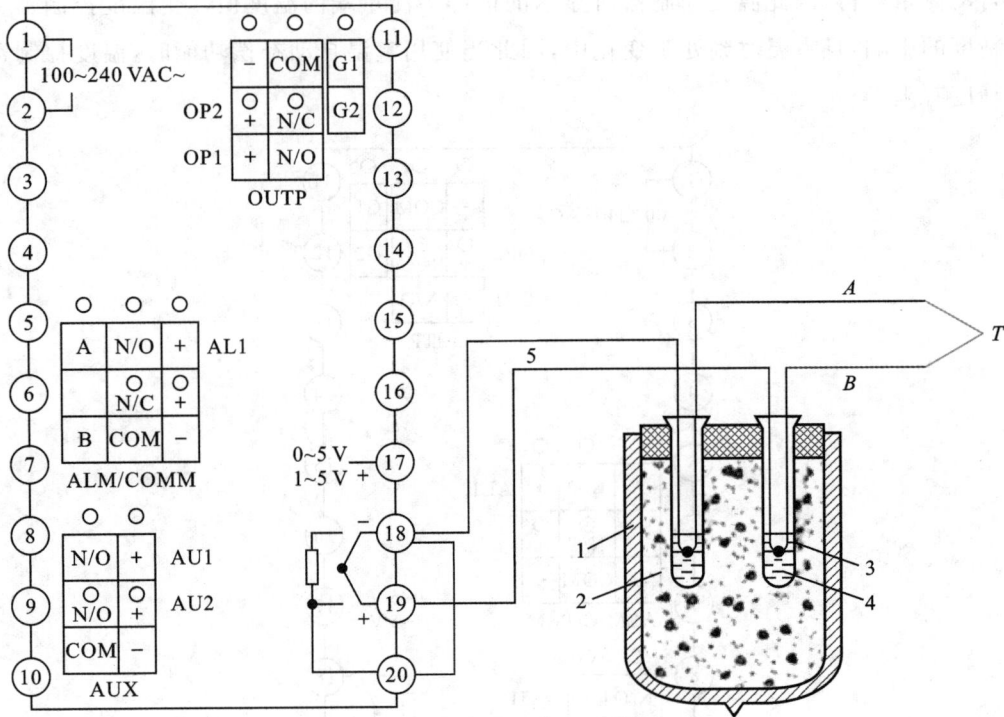

图 2-9　参比端为 0 ℃的连接方法

　　部分温度控制器需要输入其说明书中给出的密码才能进入参数设置的界面。对于 AI-518 型温度控制器,长按 ○ 进入仪表设置,然后短按 ○ 多次,当"PV"窗口显示"Loc"时,按移位键 ◁ 和 ▽△ 键,将"SV"设置为"808",然后再短按 ○ 进入详细参数设置。连续短按 ○,当"PV"窗口显示"InP"时,按表 2-4 根据所使用的热电偶,将"SV"设置为其所对应的数值,然后按需要设置"dPt"参数。当参数设置完成后,长按 ○ 回到主界面。

　　2)温度控制器连接铂电阻测温的方法

　　AI-518 型温度控制器可接镍、铜和铂热电阻进行测温,其中最常用的为 Pt100 铂电阻温度计。温度控制器仅支持三线制铂电阻测温。参照表 2-4,连接铂电阻温度计时,若将智能表的"InP"参数设置为 21,最多可显示小数点后 1 位;将"InP"参数设置为 22,可显示小数点后 2 位,但其测量范围缩小。

表 2 – 4 AI – 518 型温度控制器的传感器参数设置表

符号	名称	说明	备注
InP	传感器类型	InP 用于选择输入规格,其数值对应的输入规格如下: 0　K　　　　　　　　　　　　　　20　Cu50 1　S　　　　　　　　　　　　　　21　Pt100 2　R　　　　　　　　　　　　　　22　Pt100(−80~+300.00 ℃) 3　T　　　　　　　　　　　　　　25　0~75 mV 电压输入 4　E　　　　　　　　　　　　　　26　0~80 Ω 电阻输入 5　J　　　　　　　　　　　　　　27　0~400 Ω 电阻输入 6　B　　　　　　　　　　　　　　28　0~20 mV 电压输入 7　N　　　　　　　　　　　　　　29　0~100 mV 电压输入 8　WRe3 – WRe25　　　　　　　30　0~60 mV 电压输入 9　WRe5 – WRe26　　　　　　　31　0~1 V 10　用户指定的扩充输入规格　　32　0.2~1 V 12　F2 幅射高温温度计　　　　　33　1~5 V 电压输入 15　MIO 输入 1(安装 I4 为 4~20 mA)　34　0~5 V 电压输入 16　MIO 输入 2(安装 I4 为 0~20 mA)　35　−20~+20 mV 17　K(0~300.00 ℃)　　　　　36　−100~+100 mV 18　J(0~300.00 ℃)　　　　　37　−5 V~+5 V 19　Ni120　　　　　　　　　　　39　20~100 mV 电压输入 注:设置 InP＝10 时,可自定义输入非线性表格,或付费由厂家输入	0~106
dPt	小数点位数	可选择 0、0.0、0.00、0.000 四种显示格式 　注:采用普通热电偶或热电阻输入时,只可选择 0 或 0.0 两种格式。即使选择 0 格式,内部仍维持 0.1 ℃ 分辨率用于控制运算,使用 S 型热电偶时,建议选择 0 格式;InP＝17、18、22 时,仪表内部为 0.01 ℃ 分辨率,可选择 0.0 或 0.00 两种显示格式	—

当使用三线制 Pt100 铂电阻温度计时,将等势的两根导线分别接至智能表的 19 和 20 端子,另一根导接至 18 端子处即可。

若铂电阻为四线制,可以仅用其中三根导线,将其中一根导线悬空,当作三线制铂电阻使用即可。

若铂电阻为两线制,将其两根导线分别接至 18 和 19 端子,使用一根导线将 19 和 20 端子短接,也可测量得到温度。但是由于此时三根导线的电阻不能相互抵消,将引起较大的测温误差,且导线越长误差越大。因此,应该尽量避免使用两线制铂电阻测温,当不得不使用时,应该尽量缩短导线长度。

3. 实验仪表及设备

(1)AI-518型温度控制器;

(2)ConST660型干式温度校验炉;

(3)K分度热电偶;

(4)四线制Pt100铂电阻温度计。

图2-10和图2-11分别为AI-518型温度控制器和干式温度校验炉的照片,在本实验中,干式温度校验炉用于提供稳定的温度源。

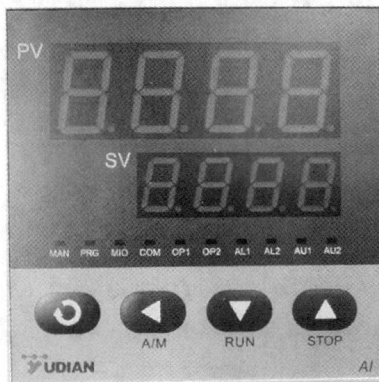

图2-10 AI-518型温度控制器 　　　图2-11 干式温度校验炉

4. 实验方法及步骤

1)使用温度控制器连接K分度热电偶进行温度测量(要求显示小数点后两位)

(1)打开干式温度校验炉,将其温度设置为70.00 ℃,ConST660型干式温度校验炉可提供稳定的温度源(波动度优于±0.01 ℃)。将热电偶的测量端置于干式温度校验炉的校验孔中(注意:热电偶与校验炉达到热平衡需要几分钟时间,因此接线前首先要将热电偶置于干式温度校验炉中,且需将热电偶测量端深入至校验孔的最底部)。

(2)将热电偶的两根偶丝分别接至温度控制器的18(负极)和19(正极)接线端子处。

(3)长按温度控制器的⊙进入仪表设置,然后短按⊙多次,当"PV"窗口显示"Loc"时,按移位键◁和▽△键,将"SV"设置为"808",然后再短按⊙进入详细参数设置。接着连续短按⊙,当"PV"窗口显示"InP"时,将"SV"设置为17,将"dPt"参数设置为"0.00"。长按⊙回到主界面。

(4)记录温度控制器的显示数值,若数值与70.00 ℃相差较大,检查热电偶的正负极是否接反。

2)使用温度控制器连接铂电阻进行温度测量(要求显示小数点后两位)

(1)使用四线制铂电阻,将其置于干式温度校验炉中(铂电阻与干式校验炉的热平衡时间更长,因此实验前需要提前将其放入校验炉中)。

(2)长按温度控制器的⊙进入仪表设置,然后短按⊙多次,当"PV"窗口显示"Loc"时,按移位键◁和▽△键,将"SV"设置为"808",然后再短按⟳进入详细参数设置。接着连续短按⟳,当"PV"窗口显示"InP"时,将"SV"设置为22,将"dPt"参数设置为"0.00"。长按⟳回到主界面。

(3)使用四线制铂电阻测量温度。将四线制铂电阻一种相同颜色的两根线分别接至温度控制器的 19 和 20 接线端子,将另一种颜色的一根线接至 18 接线端子,剩余的一根线悬空不接。记录温度测量值。

(4)使用两线制铂电阻测量温度。将四线制铂电阻当作两线制铂电阻使用,将两根不同颜色的线分别接至温控器的 18 和 19 接线端子,将剩余的两根线悬空不接,使用短接导线将 19 和 20 接线端子短接,记录温度测量值。

(5)比较两线制铂电阻和三线制铂电阻测温的误差。

5. 实验数据记录及处理

(1)写出温度控制器连接 K 分度热电偶测温时的参数设置方法(显示小数点后两位);

(2)温度控制器连接 K 分度热电偶时的温度测量结果为_____ ℃;

(3)写出温度控制器连接 Pt100 铂电阻温度计测温时的参数设置方法(显示小数点后两位);

(4)温度控制器连接两线制 Pt100 铂电阻温度计的测量结果为_____ ℃;

(5)温度控制器连接三线制 Pt100 铂电阻温度计的测量结果为_____ ℃。

6. 实验报告要求

简述实验目的和实验原理、实验数据记录,回答思考题。

7. 思考题

(1)当温度控制器连接 J 分度热电偶测温时,最多能显示小数点后几位?参数应该如何设置?

(2)当温度控制器连接 T 分度热电偶测量室温时,若将温度控制器的 18 和 20 接线端子短接,温控器显示的值可近似认为是多少?

2.2.2 实验二 使用数字万用表连接传感器测温实验

1. 实验目的

(1)学会使用数字万用表测量温度的方法;

(2)掌握热电偶分度表的查询方法,以及分度表的正函数和反函数多项式的计算方法;

(3)掌握 Pt100 铂电阻温度计的电阻-温度关系计算方法。

2. 实验原理

台式数字万用表是一种常用的电子测量仪器,可以用来测量各种电学参数,如电压、电流、电阻等。台式数字万用表的测量精度相对较高，因此科研中经常用来测量温度。对于热电偶和铂电阻，分别利用万用表的电压和电阻测量功能，根据测量值可换算成相应的温度值。下文以胜利 VC8246B 四位半台式万用表为例对其使用方法进行介绍，图 2-12 是胜利 VC8246B 台式数字万用表的前面板。

图 2-12 胜利 VC8246B 台式数字万用表的前面板

1）数字万用表连接热电偶测温的方法

对于热电偶温度计，其接线方法与图 2-8 和图 2-9 相似，分别利用环境温度和 0 ℃ 作为参比端。与图 2-8 和图 2-9 接线方法的区别是用万用表面板"Input"列的"HI"和"LO"插孔代替智能表的 19 和 18 接线端子。

当使用环境温度作为参比温度时，首先根据室温 t_0 查热电偶分度表或根据热电偶分度函数获得其所对应的电势 $E(t_0, 0)$，然后使用万用表默认的直流电压挡测量出电压值 $E(t, t_0)$，根据式（2-1）计算出测量温度 t 所对应的电势 $E(t, 0)$，最后查热电偶分度表或根据热电偶分度反函数计算得到测量温度 t。

当使用 0 ℃ 作为参比温度时，万用表的测量值即为 $E(t, 0)$，直接查热电偶分度表或根据热电偶分度反函数即可得到测量温度 t。

2）数字万用表连接铂电阻测温的方法

对于铂电阻温度计，可以使用万用表的电阻测量功能测量出热电阻的电阻值，然后根据热电阻的电阻温度关系计算出所测量的温度值。对于 Pt100 铂电阻温度计，测量得到电阻值后，可根据式（2-2）和式（2-3）计算得到温度值。

台式数字万用表有两线电阻和四线电阻测量功能，因此可以接两线制铂电阻和四线制铂电阻。对于两线制铂电阻，使用任何测量仪表都无法避免导线电阻对温度结果的影响，导致温度测量结果偏大，因此不能用于精确测温。图 2-13 是万用表四线电阻测量原理图。四线制是在电阻的两端各连接两根导线，其中两根引线由万用表本身向待测电阻输入一个已知大小的恒定电流，另外两根引线测量电阻两端的电压，通过欧姆定律计算电阻值。四线制接法基本可以消除导线电阻的影响，可用于精确测温。

当使用两线制铂电阻时，将铂电阻的两根线分别接至万用表面板"Input"列的"HI"和"LO"插孔，然后按下万用表面板的"Ω2W"按钮，此时万用表屏幕左侧显示"2W"，即为两线

电阻测量功能;当使用四线制铂电阻时,将铂电阻一种颜色的两根导线分别接至"Input"和
"Sense"两列的"HI"插孔,另一种颜色的两根导线分别接至两列的"LO"插孔,先按下万用表
面板的"Shift"按钮,然后再按下万用表面板的"Ω2W"按钮,此时万用表屏幕左侧显示
"4W",即为四线电阻测量功能。

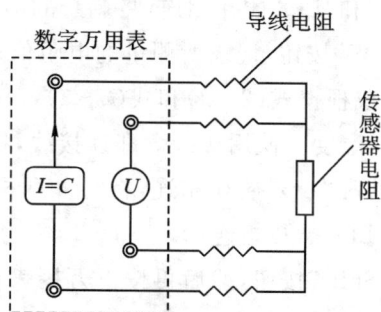

图 2 - 13　万用表四线电阻测量原理图

对于三线制铂电阻,可以使用其中两根不同侧的导线连接至万用表,将其当作两线制铂电
阻使用;也可以在单侧的导线上焊接两根导线,做成近似四线制铂电阻使用。此时由于焊接点
不可能位于铂电阻传感器引出线的根部,因此无法消除单侧导线的电阻对温度测量的影响。

万用表的四线测温方法与电桥测温方法的原理不同,对于成本接近的两种仪表,电桥的
测温精度相对更高。

3. 实验仪表及设备

(1)胜利 VC8246B 四位半台式数字万用表;

(2)ConST660 型干式温度校验炉;

(3)K 分度热电偶;

(4)四线制 Pt100 铂电阻温度计;

(5)接线盒。

4. 实验方法及步骤

1) 使用数字万用表和 K 分度热电偶进行温度测量

(1)打开干式温度校验炉,将其温度设置为 70.00 ℃;

(2)将热电偶的测量端置于干式温度校验炉的校验孔中;

(3)使用实验室内的温度计测量当前室温,将室温作为热电偶的参比端温度。查 K 分度
热电偶正函数分度表,获得室温相对于 0 ℃ 的热电势 $E(t_0, 0)$;

(4)使用接线盒和连接线,将热电偶的两根偶丝分别与数字万用表面板"Input"列的
"HI"和"LO"插孔相连,按下万用表面板的"Ranger－"按钮,将量程调至"mV"挡,记录此时
万用表的读数 $E(t, t_0)$;

(5)将 $E(t_0, 0)$ 与 $E(t, t_0)$ 相加,获得所测量温度相对于 0 ℃ 的热电势 $E(t, 0)$;

(6)查 K 分度热电偶反函数分度表,获得所测量的温度值。

2)使用数字万用表和 Pt100 铂电阻温度计进行温度测量

(1)使用四线制铂电阻,将其置于环境温度中;

(2)使用两线制铂电阻测量温度。使用接线盒和连接线,将两根不同颜色的线分别与数字万用表面板"Input"列的"HI"和"LO"插孔相连,将剩余的两根线悬空不接;

(3)按下万用表面板的"Ω2W"按钮,记录所测量的电阻值;

(4)查工业铂电阻分度表,或根据式(2-2)和式(2-3),获得所测量的温度值;

(5)使用四线制铂电阻测量温度。使用接线盒和连接线,将两根不同颜色的线分别与数字万用表面板"Input"列的"HI"和"LO"插孔相连,将另外两根不同颜色的线分别与数字万用表面板"Sense"列的"HI"和"LO"插孔相连;

(6)先按下万用表面板的"Shift"按钮,然后再按下万用表面板的"Ω2W"按钮,即为四线电阻测量功能,记录所测量的电阻值;

(7)查工业铂电阻分度表,或根据式(2-2)和式(2-3),获得所测量的温度值;

(8)比较两线制铂电阻和四线制铂电阻的测温准确度。

5. 实验数据记录及处理

(1)本实验中室温为_____℃;

(2)连接热电偶时,数字万用表的读数为_____μV;

(3)写出数字万用表连接热电偶测量温度的计算过程和结果;

(4)数字万用表连接两线制 Pt100 铂电阻温度计的电阻测量值为_____Ω,写出温度计算过程和结果;

(5)数字万用表连接四线制 Pt100 铂电阻温度计的电阻测量值为_____Ω,写出温度计算过程和结果。

6. 实验报告要求

简述实验目的和实验原理、实验数据记录,回答思考题。

7. 思考题

(1)当使用数字万用表连接 J 分度热电偶测温时,若参比端温度为 0 ℃,室温为 20.0 ℃,万用表测量值为 2270 μV,计算所测量的温度。

(2)当使用铂电阻温度计测温时,从原理上来讲,为什么电桥比万用表的测量结果更为精确?

2.2.3 实验三 热电偶校验与分度实验

1. 实验目的

(1)了解热电偶的结构和测温的基本原理;

(2)掌握热电偶校验和分度的方法;

(3)熟悉电位差计、热电偶检定炉的使用方法。

2. 实验原理

1)热电偶的校验方法

(1)定点法。将被检定的热电偶直接在国际温标定义的固定点和次级参考点分度的一种方法,定点间的温度与热电势的关系根据公式进行插补。定点法具有很高的精确度,但所需设备复杂,一般只用于高等级标准温度计的分度。

(2)比较法。将被检定热电偶与高一等级标准热电偶的测量端置于同一均匀的温度场,参考端置于冰点槽内以保持 0 ℃,用电位差计测量每支热电偶的热电势并比较其结果,最后确定被检定热电偶的误差范围或热电特性。根据被检定热电偶在每个校验点处的误差,确定是否合格。该方法要求恒温装置有足够大的温度均匀区作为工作区域,校验的准确性取决于标准热电偶的精确度、恒温装置工作区温度均匀程度和稳定度。

注:比较法规定标准热电偶应为标准的铂铑-铂热电偶,但本实验为了节约贵金属材料,使用经过校验的镍铬-镍硅热电偶作为标准热电偶,其热电特性是已知的。

2)热电偶"校验点"温度的选择

对标准化的热电偶进行校验时,通常只需在为数不多的几个温度点进行校验即可,将这些温度点称为校验点温度。校验点温度的选择,取决于热偶丝的材料和电极直径的粗细。表 2-5 为 JJG 351—1996 工作用廉金属热电偶检定规程所给出的检定点温度。

表 2-5 工作用廉金属热电偶的校验点温度

分度号	电极直径/mm	检定点温度/℃
K 或 N	0.3	400 600 700
	0.5 0.8 1.0	400 600 800
	1.20 1.6 2.0 2.5	400 600 800 1000
	3.2	400 600 800 100 (1200)*
E	0.3 0.5 0.8 1.0 1.2	100 300 400
	1.6 2.0 2.5	(100) 200 400 600
	3.2	(200) 400 600 700
J	0.3 0.5	100 200 300
	0.8 1.0 1.2	100 200 400
	1.6 2.0	(100) 200 400 500
	2.5 3.2	(100) 200 400 600

* 括号内的检定点,可根据用户需要选定。

3) 热电偶校验系统的构成

常用的热电偶校验系统由热电偶检定炉、温控设备、被校和标准热电偶、冰点槽、直流电位差计和转换开关等构成,系统各部分的连接如图 2-14 所示,实验台面板布局及接线如图 2-15 所示。

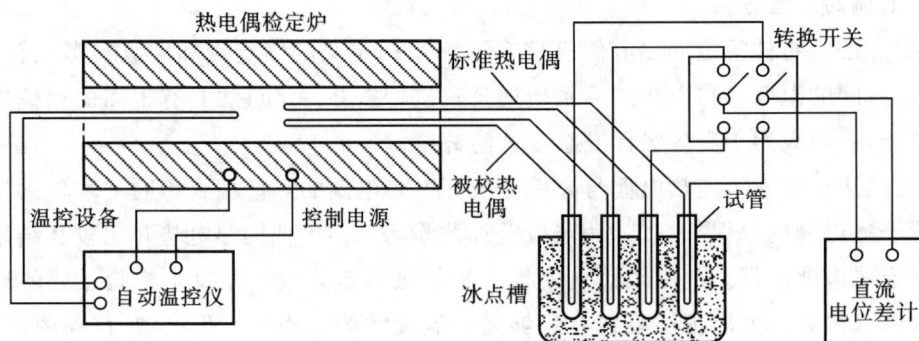

图 2-14 热电偶校验系统连接示意图

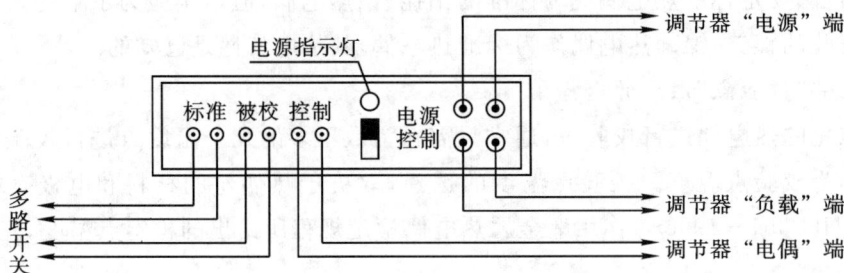

图 2-15 实验台面板布局及接线示意图

3. 实验仪表及设备

(1)热电偶:标准 K 分度热电偶;被校 K 分度热电偶。

(2)电位差计:直流电位差计(型号:UJ33)。

(3)管式检定炉:工作温度 0～1300 ℃。

(4)温控设备:智能工业调节器(型号:HN2000 型)。

(5)转换开关:热电偶检定专用多路转换开关(型号:SY821 型)。

(6)冰点槽:实现并保持 0 ℃的温度环境。

4. 实验方法及步骤

为节省实验时间,标准热电偶和被校热电偶的测量端已插入检定炉的恒温区内,插入深度约为 300 mm;两支热电偶的参考端通过冰点槽分别引至实验台面板的“标准”和“被校”两个接线端子;温控设备的“电源”和“负载”控制端已分别连接到电源开关和检定炉电源输入端;温控设备测温用热电偶的测量端也已插入检定炉的恒温区。具体实验步骤如下:

(1)用导线将标准和被校热电偶的参考端从实验台面板连接到多路转换开关的相应接

线端,如图 2 - 15 所示。

（2）将直流电位差计的"未知"端与多路转换开关的"电位差计"端相连。

（3）检查线路,确认连接无误后,开启电源开关（开关上方的指示灯亮）,然后按下温控设备的"电源"按钮,启动校验系统。

（4）通过温控设备给定值窗口（SV）和面板上的按键（"＜"移动光标、"∧"数据增大、"∨"数据减小）,将给定值调整到最低的校验点温度上。

（5）观察温控设备测量值显示窗口（PV）数值变化情况,待其稳定在校验点±10 ℃的范围之内（炉温变化不得超过 0.2 ℃/min）时,用电位差计测量标准和被校热电偶的热电势值。通常每个校验点对标准和被校热电偶共读取 9 次数据（标准 5 次,被校 4 次）,应交替读取。

（6）将给定值调整到下一校验点温度上（按从低温到高温的顺序）,重复步骤（5）、（6）,直至完成全部校验点温度的热电势测量。

5. 实验数据记录及处理

1）数据记录

实验数据是计算热电偶测温误差的依据,也是实验过程的真实反映。因此,务必认真进行记录,做到真实、准确、条理清楚。可按表 2 - 6 所给出的数据记录表格式进行实验数据记录与处理。

表 2 - 6　热电偶校验数据记录表

校验点	标准热电偶						被校热电偶				
	热电势测量值/mV					平均值/mV	热电势测量值/mV				平均值/mV
	一次	二次	三次	四次	五次		一次	二次	三次	四次	

标准热电偶分度号与规格：＿＿＿＿＿＿＿＿＿＿＿＿＿＿＿

被校热电偶分度号与规格：＿＿＿＿＿＿＿＿＿＿＿＿＿＿＿

标准热电偶（K）检定结果：400 ℃ ＿＿＿＿＿＿＿　mV

　　　　　　　　　　　　600 ℃ ＿＿＿＿＿＿＿　mV

　　　　　　　　　　　　800 ℃ ＿＿＿＿＿＿＿　mV

2）被校热电偶测温误差的计算

在某校验点处,设：

$E_表$——从与标准热电偶相对应的分度表中查出的热电势值,mV;

$E_证$——标准热电偶证书中给出的热电势值,mV;

$E(t,0)$——标准热电偶电势读数平均值,mV;

$E'(t,0)$——被校热电偶电势读数平均值,mV;

ΔE——标准热电偶在当前校验点处的热电势修正值,mV;

t——检定炉的实际温度,℃;

t'——被校热电偶测得的检定炉温度,℃;

Δt——被校热电偶在该校验点处的测温误差,℃。

则 Δt 的计算方法与步骤如下。

(1)根据标准热电偶证书计算 ΔE:

$$\Delta E = E_表 - E_证 \tag{2-6}$$

(2)确定检定炉的实际温度 t:

$$E = E(t,0) + \Delta E \tag{2-7}$$

(3)根据标准热电偶的分度号和 $E(t,0)$,通过热电偶分度表查出检定炉的实际温度 t。

(4)根据被校热电偶的分度号和 $E'(t,0)$,通过热电偶分度表查出被校热电偶测得的检定炉温度 t'。

(5)计算被校热电偶在当前校验点处的测温误差 Δt:

$$\Delta t = t' - t \tag{2-8}$$

3)给出检定结果

在计算完规定校验点的 Δt 后,根据表 2-7 和各 Δt 判断被校热电偶是否合格。需要注意的是,当每个校验点的 Δt 均在允许误差范围之内时,才能确认被校验热电偶合格。

表 2-7 常用热电偶的允许误差(JJG 351—1996)

热电偶名称	分度号	等级	测量温度范围/℃	允许误差*
镍铬-镍硅(铝)	K	I	−40~1100	±1.5 ℃或±0.4%t**
		II	−40~1300	±2.5 ℃或±0.75%t
镍铬硅-镍硅	N	I	−40~1100	±1.5 ℃或±0.4%t
		II	−40~1300	±2.5 ℃或±0.75%t
镍铬-铜镍	E	I	−40~800	±1.5 ℃或±0.4%t
		II	−40~900	±2.5 ℃或±0.75%t
铁-铜镍	J	I	−40~750	±1.5 ℃或±0.4%t
		II	−40~750	±2.5 ℃或±0.75%t

* 允差取大值;** t 为测量端温度。

4）示例

在某热电偶校验系统中,标准热电偶为铂铑 10 -铂(分度号:S),被校热电偶为镍铬-镍硅(分度号:K)。在 600 ℃附近校验热电偶,标准热电偶的热电势读数平均值为 5.252 mV,被校热电偶的热电势读数平均值为 24.86 mV。标准热电偶证书中给出,当测量端温度为 600 ℃、参考端为 0 ℃时的热电势为 5.242 mV。问该被校热电偶在当前校验点处是否合格?

解 根据题意:

$$E(600, 0) = 5.252 \text{ mV}$$

$$E'(600, 0) = 24.86 \text{ mV}$$

从铂铑 10 -铂热电偶分度表中可查出测量端为 600 ℃、参考端为 0 ℃时的热电势为 5.222 mV。

$$\Delta E = E_表 - E_证 = 5.222 - 5.242 \text{ mV} = -0.020 \text{ mV}$$

因此,当前校验点处的热电势为

$$E = E(600, 0) + \Delta E = 5.252 - 0.020 \text{ mV} = 5.232 \text{ mV}$$

根据铂铑 10 -铂热电偶分度表,可知检定炉的实际温度 $t = 601$ ℃。

根据 $E'(600, 0)$ 的值,从镍铬-镍硅热电偶分度表中查出被校热电偶所测得的检定炉的温度 $t' = 599$ ℃。

因此,

$$\Delta t = t' - t = 599 - 601 \text{ ℃} = -2 \text{ ℃}$$

根据表 2-6 可知当校验点为 600 ℃时,Ⅱ级镍铬-镍硅热电偶的允许误差为 ±4.5 ℃。被校热电偶在该校验点处的校验误差为 -2℃,在允许误差范围之内,因此被校热电偶在当前校验点处是合格的。

6. 实验报告要求

实验目的、实验设备、实验系统的组成及实验原理、主要操作步骤、原始数据记录、数据处理过程、给出检定结论(即被校验热电偶是否合格)。

7. 思考题

(1)如果在热电偶校验过程中,发现被校热电偶在某一特定温度点的误差超出了允许范围,但其他温度点均合格,分析可能的原因,并提出相应的校验和修正策略。

(2)查阅文献,当使用定点法对温度计进行标定时,一般可以用哪些固定点?

附表 2-1 K 分度(镍铬-镍硅)热电偶分度简表

温度/℃	热电势/mV	温度/℃	热电势/mV	温度/℃	热电势/mV	温度/℃	热电势/mV	温度/℃	热电势/mV
−50	−1.889	230	9.343	510	21.071	790	32.865	1070	43.978
−40	−1.527	240	9.747	520	21.497	800	33.275	1080	44.359
−30	−1.156	250	10.153	530	21.924	810	33.685	1090	44.740
−20	−0.778	260	10.561	540	22.350	820	34.093	1100	45.119
−10	−0.392	270	10.971	550	22.776	830	34.501	1110	45.497
0	0	280	11.382	560	23.203	840	34.908	1120	45.873
10	0.397	290	11.795	570	23.629	850	35.313	1130	46.249
20	0.798	300	12.209	580	24.055	860	35.718	1140	46.623
30	1.203	310	12.624	590	24.480	870	36.121	1150	46.995
40	1.612	320	13.040	600	24.905	880	36.524	1160	47.367
50	2.023	330	13.457	610	25.330	890	36.925	1170	47.737
60	2.436	340	13.874	620	25.755	900	37.326	1180	48.105
70	2.851	350	14.293	630	26.179	910	37.725	1190	48.473
80	3.267	360	14.713	640	26.602	920	38.124	1200	48.838
90	3.682	370	15.133	650	27.025	930	38.522	1210	49.202
100	4.096	380	15.554	660	27.447	940	38.918	1220	49.565
110	4.509	390	15.975	670	27.869	950	39.314	1230	49.926
120	4.920	400	16.397	680	28.289	960	39.708	1240	50.286
130	5.328	410	16.820	690	28.710	970	40.101	1250	50.644
140	5.735	420	17.243	700	29.129	980	40.494	1260	51.000
150	6.138	430	17.667	710	29.548	990	40.885	1270	51.355
160	6.540	440	18.091	720	29.965	1000	41.276	1280	51.708
170	6.941	450	18.516	730	30.382	1010	41.665	1290	52.060
180	7.340	460	18.941	740	30.798	1020	42.053	1300	52.410
190	7.739	470	19.366	750	31.213	1030	42.440		
200	8.138	480	19.792	760	31.628	1040	42.826		
210	8.539	490	20.218	770	32.041	1050	43.211		
220	8.940	500	20.644	780	32.453	1060	43.595		

注:参考端温度为 0 ℃。

附表 2－2　S 分度(铂铑 10－铂)热电偶分度简表

温度 /℃	热电势 /mV	温度 /℃	热电势 /mV	温度 /℃	热电势 /mV	温度 /℃	热电势 /mV	温度 /℃	热电势 /mV
0	0	310	2.415	620	5.443	930	8.787	1240	12.433
10	0.055	320	2.507	630	5.546	940	8.900	1250	12.554
20	0.113	330	2.599	640	5.649	950	9.014	1260	12.675
30	0.173	340	2.692	650	5.753	960	9.128	1270	12.796
40	0.235	350	2.786	660	5.857	970	9.242	1280	12.917
50	0.299	360	2.880	670	5.961	980	9.357	1290	13.038
60	0.365	370	2.974	680	6.065	990	9.472	1300	13.159
70	0.433	380	3.069	690	6.170	1000	9.587	1310	13.280
80	0.502	390	3.164	700	6.275	1010	9.703	1320	13.402
90	0.573	400	3.259	710	6.381	1020	9.819	1330	13.523
100	0.646	410	3.355	720	6.486	1030	9.935	1340	13.644
110	0.720	420	3.451	730	6.593	1040	10.051	1350	13.766
120	0.795	430	3.548	740	6.699	1050	10.168	1360	13.887
130	0.872	440	3.645	750	6.806	1060	10.285	1370	14.009
140	0.950	450	3.742	760	6.913	1070	10.403	1380	14.130
150	1.029	460	3.840	770	7.020	1080	10.520	1390	14.251
160	1.110	470	3.938	780	7.128	1090	10.638	1400	14.373
170	1.191	480	4.036	790	7.236	1100	10.757	1410	14.494
180	1.273	490	4.134	800	7.345	1110	10.875	1420	14.615
190	1.357	500	4.233	810	7.454	1120	10.994	1430	14.736
200	1.441	510	4.332	820	7.563	1130	11.113	1440	14.857
210	1.526	520	4.432	830	7.673	1140	11.232	1450	14.978
220	1.612	530	4.532	840	7.783	1150	11.351	1460	15.099
230	1.698	540	4.632	850	7.893	1160	11.471	1470	15.220
240	1.786	550	4.732	860	8.003	1170	11.590	1480	15.341
250	1.874	560	4.833	870	8.114	1180	11.710	1490	15.461
260	1.962	570	4.934	880	8.226	1190	11.830	1500	15.582
270	2.052	580	5.035	890	8.337	1200	11.951		
280	2.141	590	5.137	900	8.449	1210	12.071		
290	2.232	600	5.239	910	8.562	1220	12.191		
300	2.323	610	5.341	920	8.674	1230	12.312		

注:参考端温度为 0 ℃。

第 3 章

压力测量

压力在能源与动力工程领域具有举足轻重的地位。无论是大型能源转换系统,还是细微的流体控制装置,压力的变化都是系统运行的重要参数之一。因此,精确测量压力对于理解系统工作状态、优化性能以及确保运行安全都具有重要意义。

工程技术中的压力也就是物理学中的压强,是指垂直并均匀作用在单位面积上的力。国际单位制中压强的单位是 Pa(帕斯卡,简称"帕",即 N/m^2)。压力的表示方法根据其参考零点压力的不同,分为绝对压力和表压力。绝对压力是以完全真空为参考点的压力,表压力是以大气压力为参考点的压力,大于大气压力为正压,小于大气压力为负压。

3.1 压力测量方法

根据测量信号原理的不同,压力测量仪表主要分为液体式压力计、弹性敏感元件式压力表和电气式压力传感器三种。

3.1.1 液体式压力计

液体式压力计是利用液柱自重产生的压力与被测压力相平衡的原理制成的压力计。常用的工作液体有水、酒精、水银等。液体式压力计具有结构简单、使用方便、反应灵敏、价格便宜、可靠性高的优点;但受液柱高度的限制,其测压范围较小,且无法实现自动化测量。常用的液体式压力计主要包括 U 形管压力计、单管压力计和斜管微压计。

1. U 形管压力计

U 形管压力计由两端开口、垂直放置的透明 U 形管和标尺构成,如图 3-1 所示。U 形管内盛有一定量的密度为 ρ 的工作液体,其一端与压力为 p 的被测物相通,另一端与压力为 p_0 的基准压力源或大气相通,由压力平衡可得

$$p = p_0 + \rho g \Delta H \tag{3-1}$$

式中:ΔH 为两侧液柱的高度差,g 为重力加速度。

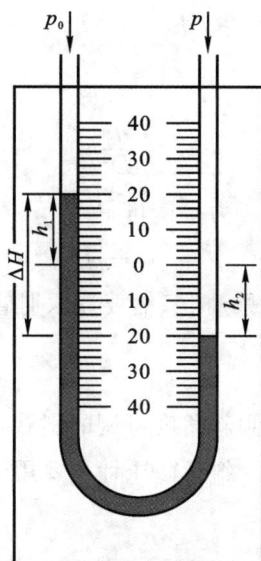

图 3 - 1　U 形管压力计

U 形管压力计的标尺有的以 mm 为单位,有的则根据所盛放的液体直接以 Pa 为单位。U 形管读数时视线应与液面平齐,取液面弯月面切线处数值。由于 U 形管压力计读数时需要读取两侧的液面高度,因此会引入两次读数误差。

2. 单管压力计

单管压力计是将 U 形管的一边示值管做成杯形容器的液体式压力计,如图 3 - 2 所示,其中杯形容器的直径 D 远大于肘管直径 d。测压时,被测压力通至杯形容器一侧,肘管侧液柱高度升高 h_1,杯形容器侧高度下降 h_2,根据体积相等原理,有

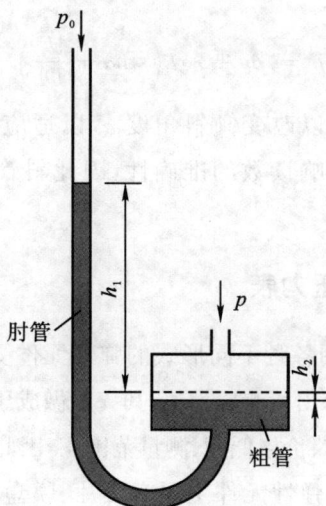

图 3 - 2　单管压力计

$$\frac{\pi}{4}d^2 h_1 = \frac{\pi}{4}D^2 h_2 \qquad (3-2)$$

即

$$h_2 = \frac{d^2}{D^2}h_1 \qquad (3-3)$$

由于 $D \gg d$，因此 h_2 可忽略不计，由压力平衡可得

$$p = p_0 + \rho g h_1 \qquad (3-4)$$

与 U 形管压力计相比，单管压力计测量时只需要读取肘管的读数，因此降低了读数误差。

3. 斜管微压计

将单管压力计的单管改为一个倾斜角度可调的斜管，可以增加液柱的长度，从而提高测量的灵敏度和精度，如图 3-3 所示。斜管微压计主要用于测量微小的正压、负压和压差。

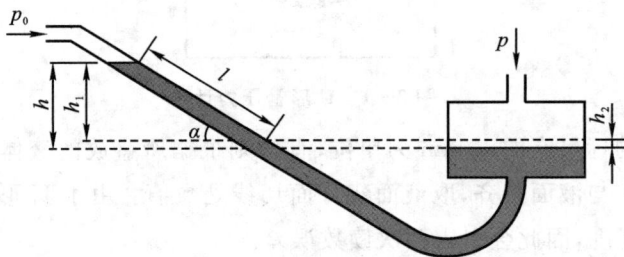

图 3-3 斜管微压计

斜管微压计的工作原理与 U 形管压力计相同，根据压力平衡，有

$$h = h_1 + h_2 = l\left(\sin\alpha + \frac{d^2}{D^2}\right) \qquad (3-5)$$

因此

$$p = p_0 + \rho g l\left(\sin\alpha + \frac{d^2}{D^2}\right) \qquad (3-6)$$

斜管微压计在实际使用时可以改变倾斜角度 α，以适应不同的测量范围。α 越小，其灵敏度越高，但液面拉得也越长，影响读数的准确性，因此斜管微压计的倾斜角度 α 一般不小于 15°。

3.1.2 弹性敏感元件式压力表

弹性敏感元件式压力表是利用各种不同形式的弹性元件受力变形产生位移，再经过机械传动机构放大位移量并带动指针指示出所测压力值，其一般做成压力表的形式。弹性敏感元件式压力表构造简单、读数方便、工作可靠、价格低廉、测量范围广，因此在工业中应用非常广泛。

弹性敏感元件式压力表中的弹性元件主要有膜片、膜盒、弹簧管、波纹管等，其中应用最多的是弹簧管压力表和膜片式压力表。

图 3-4 是弹簧管压力表的结构图，其弹簧管是一根弯成圆弧形的空心扁管，弹簧管一

端封闭,作为自由端,另一端接至被测压力。当被测压力增大或减小时,圆弧形扁管由于内部受力后分别呈伸直或变弯的趋势,在自由端产生位移,通过连杆带动扇形齿轮转动,从而带动固定仪表指针的中心小齿轮转动,由此拨动指针指示出压力值。

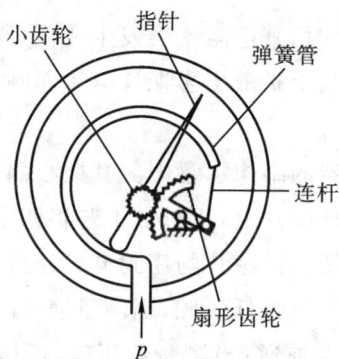

图 3-4 弹簧管压力表

按其测量精确度,压力表分为一般压力表和精密压力表。一般压力表的精度等级分为 1.0 级、1.6 级、2.5 级和 4.0 级;精密压力表的精度等级分为 0.1 级、0.16 级、0.25 级和 0.4 级。

按其测量类型,压力表分为压力表、真空表和压力真空表。以大气压力为基准,压力表是用于测量正压力的仪表,真空表是用于测量负压力的仪表,压力真空表是用于测量正压力和负压力的仪表,具体的测量范围见表 3-1。

表 3-1 压力表的测量范围

类型	测量范围/MPa
压力表	0~0.1, 0~1, 0~10, 0~100, 0~1000 0~0.16, 0~1.6, 0~16, 0~160 0~0.25, 0~2.5, 0~25, 0~250 0~0.4, 0~4, 0~40, 0~400 0~0.6, 0~6, 0~60, 0~600
真空表	−0.1~0
压力真空表	−0.1~0.06, −0.1~0.15, −0.1~0.3, −0.1~0.5, −0.1~0.9, −0.1~1.5, −0.1~2.4

3.1.3 电气式压力传感器

压力传感器是一种能够感受压力,并按照一定的规律将压力转换成电信号或其他信号输出的器件,其工作原理如图 3-5 所示。其输出信号通常有电压、电流、电荷、频率等。

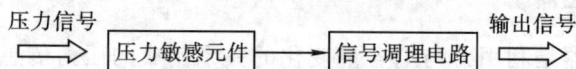

图 3-5 压力传感器工作原理

压力传感器按其敏感方式的不同可分为压阻式、电容式、压电式、电感式、光学式、谐振式等。按压力测试的不同类型,压力传感器分为表压传感器、差压传感器和绝压传感器。

1. 压阻式压力传感器

当应力作用在半导体材料上时,其电阻率会发生变化,称为压阻效应。压阻式压力传感器是利用硅材料的压阻效应,在其上扩散出惠斯通电桥而制成的压力传感器,又称为扩散硅压阻式传感器。

图 3-6 是压阻式压力传感器的结构示意图。其核心部分为一块圆形的单晶硅膜片,既是压敏元件,也是弹性元件。在硅膜片上,用扩散工艺将四个同样为硅的应变电阻做成四个阻值相等的电阻,构成惠斯通电桥。硅膜片与密封硅杯连接,将两个腔体隔开。膜片的一侧是高压腔,与被测压力连通。另一侧是低压腔,当测量表压时,低压腔和大气连通;当测量压差时,低压腔与被测对象的低压端连通;当测量绝压时,低压腔为密封的真空。膜片上的两对电阻,一对位于受压应力区,另一对位于受拉应力区。当膜片两侧存在压差时,膜片发生变形而产生应力,从而使扩散电阻的阻值发生变化,电桥输出相应的电压。

压阻式压力传感器的灵敏系数比金属应变式压力传感器的灵敏度系数要大 $50 \sim 100$ 倍,能够精确测量各种流体的压力;压阻式压力传感器的结构简单,体积相对较小;此外,压阻式压力传感器还具有响应速度快的优点,可以实现实时快速的数据采集。压阻式压力传感器使用方便、工作可靠,是工业中使用较为广泛的压力传感器。

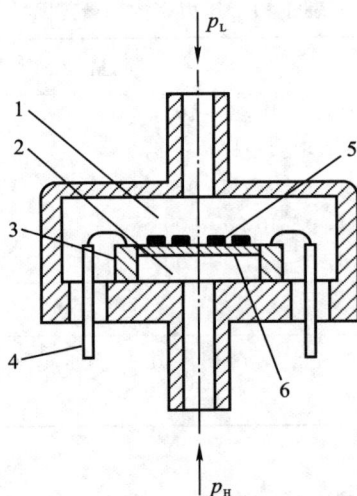

1—低压腔;2—高压腔;3—硅杯;4—引线;5—扩散电阻;6—硅膜片。

图 3-6 压阻式压力传感器结构示意图

2. 电容式压力传感器

电容式压力传感器是利用力与电容量变化的关系制成的压力传感器。

图 3-7 是电容式压力传感器的结构示意图。左右对称的不锈钢基座上下两边外侧焊

接了波纹密封隔离膜片,不锈钢基座内有玻璃绝缘层,其内侧的凹形球面上除边缘部分外镀有金属膜作为固定电极,中间被夹紧的弹性膜片作为可动测量电极。左、右固定电极和测量电极经导线引出,组成了两个电容器。测量电极将空间分隔成左、右两个腔室,其中充满硅油。当隔离膜片感受两侧压力的作用时,通过硅油将差压传递到弹性测量膜片的两侧从而使膜片产生位移。电容极板间距离的变化引起两侧电容器电容值的改变,因此通过测量电容值来获得差压值。

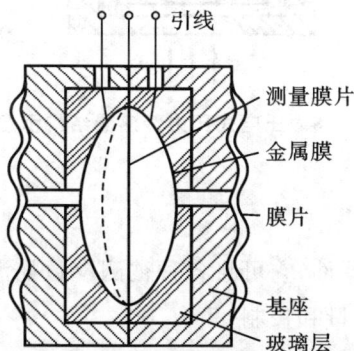

图 3-7　电容式压力传感器结构示意图

电容式压力传感器一般体积较大,结构坚实耐用,能在恶劣环境下工作,长期稳定性好,因此也在工业中广泛使用。电容式压力传感器多用作差压测量,但若将其一侧抽成真空,可进行绝压测量;将一侧与大气相通,也可用于表压测量。

3. 压电式压力传感器

某些电介质沿着某一个方向受力而发生机械变形时,其内部将发生极化现象,并在其两个相对表面上出现正负相反的电荷。当外力去掉后,材料会恢复到不带电的状态,这种现象称为压电效应。利用压电效应制成的压力传感器称为压电式压力传感器。

图 3-8 是压电式压力传感器结构示意图,压电元件通常为石英晶体或压电陶瓷材料,其被夹在两个弹性膜片之间,压电元件的一个侧面与膜片接触并接地,另一侧面通过引线将电荷量引出。当被测压力均匀作用在膜片上时,压电元件受力而产生电荷。电荷量一般使用电荷放大器放大,转换成电压信号输出,电压值与压力成正比关系。

压电式压力传感器对微小的压力变化非常敏感,是响应速度最快的压力传感器之一,适用于动态瞬变压力的实时监控,同时其体积容易做到微型化,因此在生物医学、汽车工业和航空航天等领域具有广泛的应用。然而,压电式压力传感器容易受温湿度、电缆噪声和接地回路噪声等因素的影响,其压力和输出电信号之间的关系容易发生漂移,一般不能用于静态压力的测量。

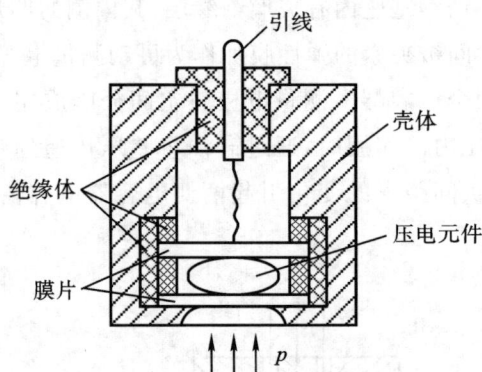

图 3 - 8　压电式压力传感器结构示意图

3.1.4　压力变送器

变送器是一种物理量变换器件,它可将各种被测参数如温度、压力、流量、液位等转换成统一的标准信号输出,以方便测量和控制。

压力变送器将压力传感器和转换器合为一体,输出信号与所测压力直接为线性函数关系,其输出的标准信号主要包括 $0\sim10$ mA 或 $4\sim20$ mA 直流电流、$1\sim5$ V 直流电压以及 $20\sim100$ kPa 气动信号,其中 $4\sim20$ mA 直流电流和 $1\sim5$ V 直流电压输出使用得最多。

由于压力变送器的输出均为标准信号,因此当使用压力变送器时,只要按需选择变送器的量程 p_{FS} 和精度即可。图 3 - 9 和图 3 - 10 分别为电流型和电压型压力变送器的输出信号和被测压力值的关系图,其关系均为线性,因此首先测量得到变送器的输出电流或电压值,然后根据式(3 - 7)和式(3 - 8)的线性插值方法即可计算出所测压力值。

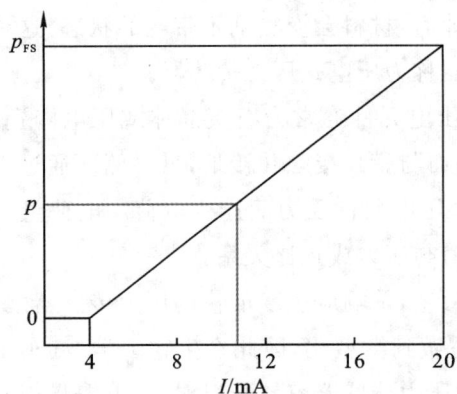

图 3 - 9　$4\sim20$ mA 电流输出型变送器　　　　图 3 - 10　$1\sim5$ V 电压输出型变送器

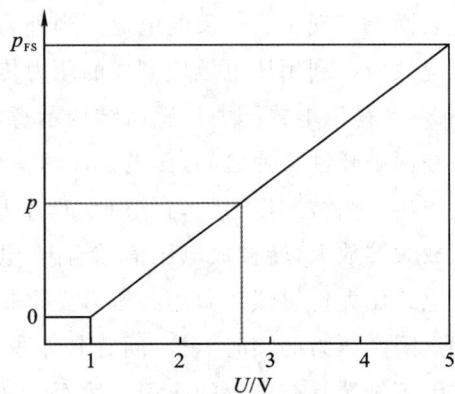

$$p = \frac{(I-4)}{(20-4)} p_{FS} \qquad\qquad (3-7)$$

$$p = \frac{(U-1)}{(5-1)} p_{FS} \qquad\qquad (3-8)$$

变送器连接电流表或电压表测量时,通常外接 24 V 直流电源进行供电。电流型变送器一般为两线制,将其正、负极与直流电源和电流表串联即可,如图 3-11 所示;电压型变送器一般为三线制,其三根输出线分别为电源正、输出正和公共端。如图 3-12 所示,电源正(V+)与直流电源正极相连,输出正(OUT)和电压表正极相连,公共端与电源负极和电压表负极同时相连。

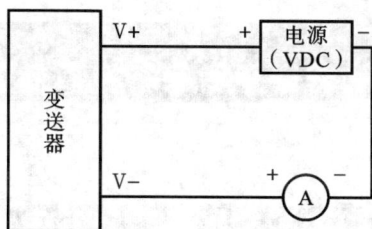

图 3-11 电流型变送器的接线方法　　　　图 3-12 电压型变送器的接线方法

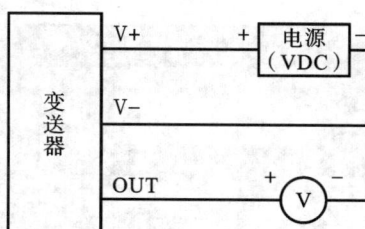

对于电流型和电压型两种变送器,由于电压型变送器在使用时其连接导线会产生电压降,影响测量精度,因此电流型变送器的测量更为准确。但是,电压信号相对于电流信号更容易测量,且采样频率更高。因此,在高速测量时,电压型变送器更为适合。

3.2 压力测量实验

3.2.1 实验一 压力变送器使用及压力测量实验

1. 实验目的

(1)掌握压力变送器的使用方法;

(2)学会使用智能表连接变送器测量压力的方法;

(3)学会使用数字万用表连接变送器测量压力的方法。

2. 实验原理

1)使用数字万用表连接压力变送器测量压力

对于电流型变送器,其与数字万用表的电路连接方法如图 3-13 所示。所测压力与电流值的关系如图 3-9 所示,所测压力按式(3-7)计算。

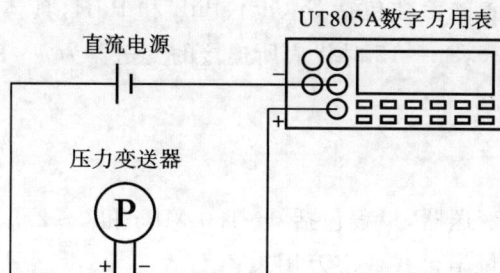

图 3-13 电流型变送器与数字万用表的连接方法

2)使用智能数显表连接压力变送器测量压力

图 3-14 和图 3-15 为某智能数显表的前面板和后面板接线端子图。智能数显表由 220 V 交流电供电,大部分智能数显表自带 24 V 直流馈电功能,因此当使用其接低功耗变送器(如绝大多数压力变送器)进行测量时,无需另外配备直流电源。同时,为了防止馈电不足,智能表还提供了外接直流电源供电的连接方法。

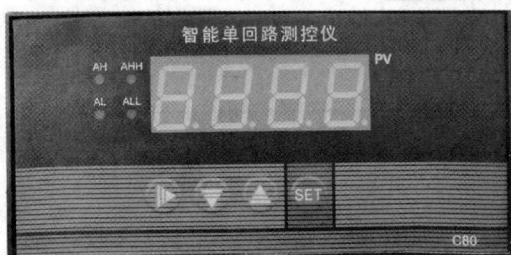

图 3-14　智能数显表的前面板

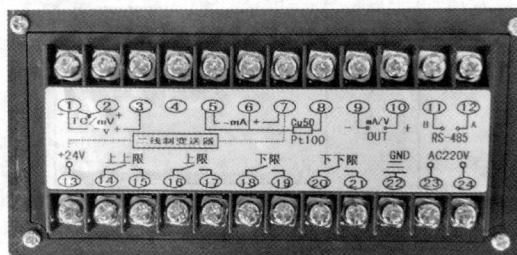

图 3-15　智能数显表的后面板接线端子图

(1)无需外接直流电源的接线方法。按图 3-15 中所标的"二线制变送器"标识,将电流型变送器的正极引线接至 13 端子,将负极引线接至 7 端子即可。

(2)外接直流电源的接线方法,参照智能表接线端子图,按图 3-16 的连接方法进行连接即可。

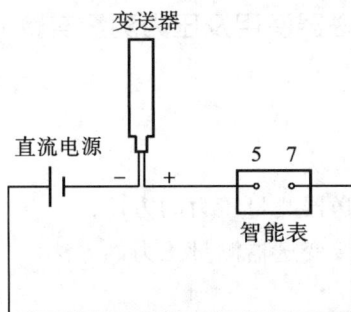

图 3-16　外接直流电源的接线方法示意图

智能数显表的设置方法:长按"SET"键,进入参数设置界面,然后按 ▽,当屏幕显示 "PASS"时,按"SET"键,输入密码进入设置界面,该密码一般为"555",再按"SET"键进入详细参数设置界面。主要设置的参数包括 Sn、dot、PuL 和 PuH,具体设置需要参照仪表说明书。对于大多数智能数显表,Sn=15 时代表所连接的变送器为 4～20 mA 电流型,PuL 一般为 0,PuH 为变送器的量程。

3. 实验仪表及设备

(1)绝压、电流型压力变送器,量程包括 0～1.0 MPa 和 0～2.5 MPa 两种;

(2)胜利 VC8246B 四位半台式数字万用表;

(3)C403 型智能数字显示控制仪;

（4）空压机、直流电源、接线盒。

4. 实验方法及步骤

1）使用数字万用表连接压力变送器测量压力

（1）记录压力变送器的量程。

（2）按图 3-13 将压力变送器、直流电源和数字万用表相连接。注意数字万用表在连接时，正极接在万用表面板"Input"列的"mA"插孔，负极接在"LO"插孔。

（3）按下万用表面板的"DCI"按钮，将万用表切换到直流电流测量挡。记录所测量的电流值。

（4）根据变送器输出和量程的线性关系，计算出所测量的压力值，要求保留四位有效数字。

（5）将压力变送器通过快插接头与空压机相连，打开空压机阀门，从万用表读取电流值，计算空压机的压力值。

（6）拔下与空压机相连的快插接头。

2）使用智能数显表连接压力变送器测量压力

（1）记录压力变送器的量程。

（2）观察智能数显表后面板的接线端子图，将压力变送器的两根线分别接至接线端子图所标识的"二线制变送器"虚线所对应的正、负极。

（3）长按智能表的"SET"键，进入参数设置界面，然后按▽，当屏幕显示"PASS"时，按"SET"键，输入密码"555"，再按"SET"键进入详细参数设置界面。将输入信号类型"Sn"设置为 15，将量程下限"PuL"设置为 0。

（4）合理设置小数点位置"dot"和量程上限"PuH"的数值，使所显示的压力值的单位为 MPa，且所显示的数字位数最多，记录智能数显表的显示值。

（5）合理设置小数点位置"dot"和量程上限"PuH"的数值，使所显示的压力值的单位为 kPa，且所显示的数字位数最多，记录智能数显表的显示值。

（6）将压力变送器通过快插接头与空压机相连，打开空压机阀门。按单位为 kPa 的设置，记录智能数显表的显示值。

（7）拔下与空压机相连的快插接头。

5. 实验数据记录及处理

（1）压力变送器的量程为_____ MPa；

（2）当使用数字万用表连接压力变送器测量当地大气压时，电流输出值为_____ mA，压力测量值为_____ MPa；

（3）当使用数字万用表连接压力变送器测量空压机压力时，电流输出值为_____ mA，压力测量值为_____ MPa；

（4）当使用智能数显表时，若所显示的压力值的单位为 MPa，且所显示的数字位数最多时，"dot"应设置为_____，"PuH"应设置为_____；

（5）当使用智能数显表时，若所显示的压力值的单位为 kPa，且所显示的数字位数最多时，"dot"应设置为_____，"PuH"应设置为_____；

（6）智能数显表测量得到的当地大气压为_____ MPa，_____ kPa；

（7）智能数显表测量得到的空压机的压力为_____ kPa。

6. 实验报告要求

简述实验目的、实验原理（画出电路连接图、写清楚测量时仪表如何设置即可）、实验数据及处理、回答思考题。

7. 思考题

（1）如果智能数显表显示的压力读数异常，有可能是哪些原因造成的？

（2）压力变送器的量程对其测量结果的准确性有什么影响？如何正确选择变送器的量程？

（3）数字万用表和智能数显表在测量压力时应该如何选取？讨论它们各自的优势。

3.2.2 实验二 压力表校验及压力变送器标定实验

1. 实验目的

（1）掌握常规压力表校验及压力变送器标定的方法；

（2）熟悉压力表、压力变送器、活塞式压力计、数字万用表等设备及仪表的使用方法；

（3）根据标定实验，判断压力表是否合格，拟合得出压力变送器的校正公式。

2. 实验原理

1）活塞式压力计原理

活塞式压力计常简称活塞压力计或压力计，也称为压力天平，主要用于计量室、实验室以及生产，或在科学实验环节作为压力基准器使用，也有将活塞式压力计直接应用于高可靠性监测环节对当地其他仪表的监测。

活塞式压力计计量的原理为流体力学的静力平衡原理即帕斯卡定律。一种力由传压流体在液压容器内产生，另一种力由活塞本身及加在活塞上的专用砝码的重力产生，两力相平衡。图 3-17 为活塞式压力计原理图。当活塞、砝码座与砝码的质量为 M，活塞杆的截面积为 S 时，产生的压力为

$$F = \frac{Mg}{S}$$

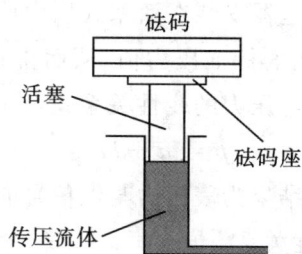

图 3 - 17　活塞式压力计原理图

2）压力表校验原理

压力表与压力变送器相同，其测量精度以满量程百分比的形式给出，如量程为10 MPa、精度为0.4级的压力表测量压力时的准确度为±0.04 MPa。因此压力表或压力变送器需要根据所测量的压力范围进行选取，当使用大量程的压力表或变送器测量较小的压力时，将产生较大的测量误差。

压力表在使用过程中需要定期进行校验，以判断其测量准确度是否仍然合格。在校验时，将压力表安装在活塞式压力计上，由活塞式压力计提供在其量程内的不同的标准压力值，若在每个标准压力值下，压力表的测量误差均不超过其精度等级所允许的偏差，则该压力表合格，可以继续使用；若在任一标准压力值下，压力表的测量误差超过了其精度等级所允许的偏差，则该压力表不合格，此时需要更换压力表。

3）压力变送器标定原理

压力变送器的原理和测量方法见3.1.4节。本实验使用 UT805A 数字万用表测量压力变送器的输出电流值，电路连接图见图 3 - 13。

压力变送器在使用一段时间后，其输出电信号可能会发生漂移，如图 3 - 18 所示。因此，压力变送器需要定期进行标定，获得其准确的电流-压力的线性关系，或改变压力变送器变送电路的参数，将变送器的输出值重新调整为标准输出值。

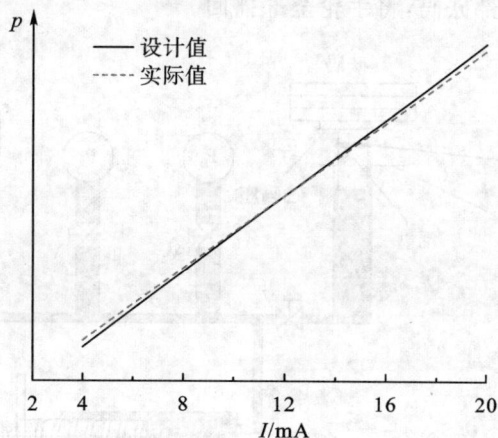

图 3 - 18　压力变送器电流-压力标准线性关系偏离图

压力变送器标定时,将压力变送器安装在活塞式压力计上。以电流型变送器为例,由活塞式压力计提供在其量程内的不同的标准压力值,从而得到一系列电流与压力的对应关系值,根据最小二乘法拟合得到电流与压力的线性关系式:

$$p = a + bI \tag{3-9}$$

注意:表压型压力变送器标定结果为表压力与电信号的线性关系,绝压型压力变送器标定结果为绝对压力与电信号的线性关系。

4)活塞式压力计的使用方法

(1)对压力计进行水平校准。利用调整螺丝来校准标准水平,必须使气泡水平仪的气泡位于中间位置。

(2)打开油杯阀门V1,逆时针旋转手轮,使手摇液压泵的气缸内充满液压油。

(3)关闭阀门V1,缓慢顺时针旋转手轮,产生初压,使砝码座底盘升起,到凹槽线与参考平面(活塞限位套上端面)平齐为止(略超过参考平面2~3 mm,见图3-19)。

注意:①实验台位上的阀门V2、V3和V4均已打开;②顺时针旋转手轮时一定要缓慢,否则由于压力迅速上升会将砝码座弹出。

(4)依次加载砝码(上行程),产生所需检验的标准压力。首先加载砝码,然后缓慢顺时针旋转手轮,使凹槽线升起至略超过参考平面(活塞限位套上端面)2~3 mm处。双手轻轻顺时针转动砝码,使底盘及砝码以不小于30 r/min的初角速度旋转,以克服摩擦力的影响。

(5)依次卸载砝码(下行程),产生所需检验的标准压力。首先缓慢逆时针旋转手轮,同时观察压力表读数,当压力降至所要测量的压力时,卸掉所需卸载的砝码。然后重新顺时针旋转手轮,使凹槽线升起至略超过参考平面(活塞限位套上端面)2~3 mm处;双手顺时针转动砝码,使底盘及砝码以不小于30 r/min的初角速度旋转。

注意:一定要先降低压力计内的压力,再卸载砝码。

(6)当做完下行程最后一个压力时,逆时针旋转手轮,释放掉压力计内的全部压力,打开油杯阀门V1,最后卸去全部砝码,将手轮全部摇回。

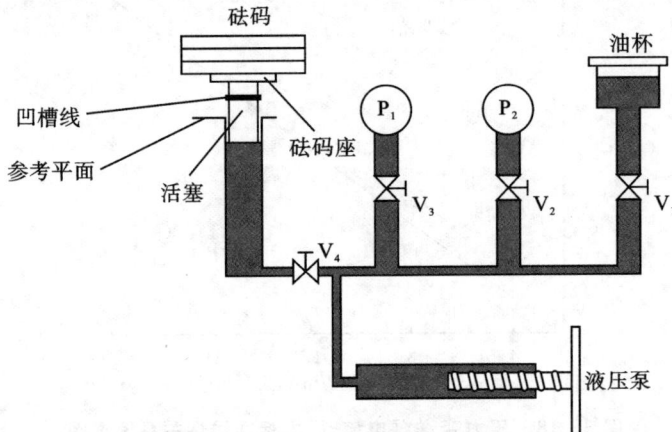

图3-19 活塞式压力计结构原理图

3. 实验仪表及设备

(1)活塞式压力计:用于压力表校验和压力变送器标定,型号为 ZHT5060X,精度等级为 0.05 级。

(2)标准砝码(ZHT5060X 型)0.1 MPa(4 块)、0.5 MPa(11 块)。

(3)被校压力表(型号 YB-150),量程 0~16 MPa、0~6 MPa,精度等级 0.25 级、1.6 级。

(4)电容式压力变送器(电流型),量程 0~6 MPa,精度 0.1 %FS。

(5)压阻式压力变送器(电流型),量程 0~6 MPa、0~15 MPa、0~25 MPa,精度 0.5%FS。

(6)UT805A 数字万用表,直流电源。

4. 实验方法及步骤

(1)检查压力传感器、电源、数字万用表的连接电路。

(2)记录压力表及压力变送器的参数:量程、精度等级、输出电信号型式、绝压型或表压型等。

(3)确认电路连接正确后,打开直流电源及数字万用表的电源开关,按下数字万用表的 "DCI"按钮,进行直流电流的测量,见图 3-20。

图 3-20　数字万用表前面板图

(4)分别做出 2 组上行程及下行程的校验或标定数据,压力表读数的有效位数按压力表的量程和精度等级进行确定。①依次加载(上行程),标准砝码为 1 MPa、2 MPa、3 MPa、4 MPa、5 MPa、6 MPa(包括底盘 0.1 MPa),读出并记录压力表的压力值及从数字万用表上读出压力传感器的电流输出值。②依次卸载(下行程),标准砝码为 5 MPa、4 MPa、3 MPa、2 MPa、1 MPa(包括底盘 0.1 MPa),读出并记录压力表的压力值及从数字万用表上读出压力传感器的电流输出值。

5. 实验数据记录及处理

记录压力表 2 组上行程和下行程的压力值;记录压力变送器上行程及下行程的输出电流值,如表 3-2 所示。

表 3 - 2　实验数据记录表

实验台号：_____；当地大气压：_____kPa。

压力表：量程：_____MPa；精度等级：_____。

压力变送器：量程：_____MPa；精度：_____；电流型/电压型；绝压型/表压型。

砝码/MPa	标准压力/MPa	压力表读数/MPa		数字万用表读数/mA	
		上行程	下行程	上行程	下行程
0					
1					
2					
3					
4					
5					
6					
5					
4					
3					
2					
1					
0					

注：对于表格中的压力值，表压型变送器填表压力，绝压型变送器填绝对压力。

(1)压力表。①根据实验数据，分别做出压力表的上、下行程曲线。②计算其精度(将上、下行程取平均值)，判断是否合格。

(2)压力变送器。①用最小二乘法拟合出压力变送器的直线方程($p=a+bI$)。②根据实验数据，分别做出上、下行程曲线及拟合曲线(画在同一个图上)。③分别计算出压力变送器的非线性度误差 δ_L、迟滞误差 δ_H 和重复性误差 δ_R。④将实验测量值与按标准关系曲线(4～20 mA)计算得到的压力值进行比较，画出其偏差图。简单对其偏差进行分析，了解压力变送器标定的重要性。

6. 实验报告要求

简述实验目的、实验设备和实验原理，进行实验数据记录处理，完成思考题。

7. 思考题

(1)在不同海拔地区，使用同一个活塞式压力计校准压力表有无不妥？如有不妥，如何使活塞式压力计能够满足其精度等级？

（2）当压力变送器表面没有标识时，如何判断其是绝压型还是表压型？

3.2.3 实验三 LabVIEW 软件压力自动化测量实验

1. 实验目的

（1）熟悉 LabVIEW 软件的基本操作和界面；

（2）掌握使用 LabVIEW 进行数据采集和处理的方法；

（3）学习通过 LabVIEW 连接数字万用表实现压力的动态测量。

2. 实验原理

压力测量程序由虚拟仪器开发平台 LabVIEW 2018 编制。虚拟仪器（Virtual Instru-ment，VI）是指在计算机上由用户自己设计定义，具有虚拟的操作面板，测试功能由测试软件来实现的一种计算机系统。LabVIEW 提供了一个便捷、轻松的设计环境，设计者可以像搭积木一样轻松组建仪器系统，无需进行任何烦琐的计算机程序代码的编写。

一个完整的 VI 程序包括程序前面板和程序框图两部分，分别见图 3-21 和图 3-22。

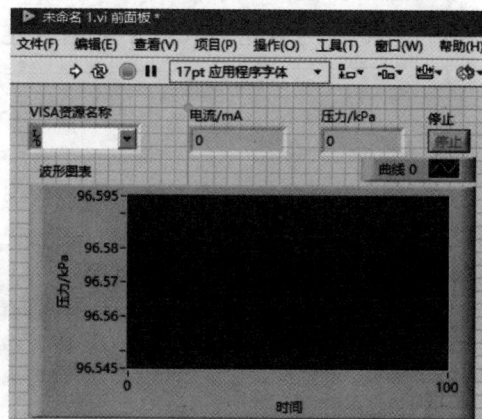

图 3-21 前面板界面

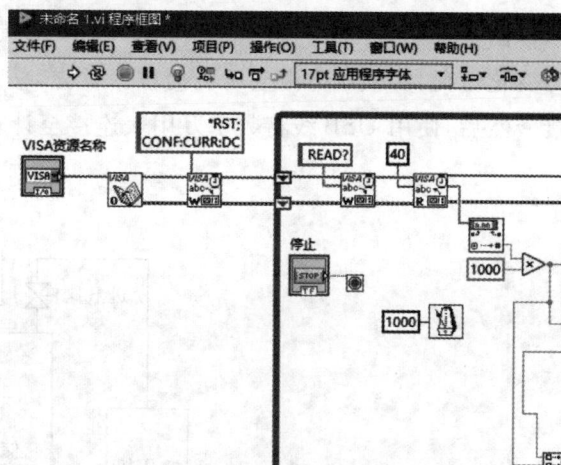

图 3-22 程序框图界面

LabVIEW 使用数据流的编程方式，程序框图中对象的数据传输通过连线实现。程序框图中的每个对象都带有特定的连接端，这些连接端用于传递数据或执行特定的操作。每个连接端所代表的功能不同，只有数据类型相同才能进行连线，且不同的数据类型的连线有不同的颜色、粗细和样式。

在 LabVIEW 中，VISA（Virtual Instrument Software Architecture，虚拟仪器软件体系结构）提供了一种标准的、跨平台的通信协议，允许 LabVIEW 与各种不同的设备进行通信，无论是通过 GPIB、串口、USB、以太网或是通过其他接口。

VISA 对于测试软件开发者来说是一个可调用的操作函数集,它本身并不提供仪器编程能力,而是一个高层 API(应用程序编程接口),通过调用低层的驱动程序来控制仪器。使用 VISA,用户可以控制多种类型的仪器,并根据使用仪器的类型调用相应的驱动程序,无需学习各种仪器的通信协议。

在 LabVIEW 中使用 VISA,可以方便地实现与各种设备的通信和数据采集,本实验的程序即基于 VISA 编制。

3. 实验仪表及设备

(1)虚拟仪器开发平台 LabVIEW 2018;

(2)Keysight 34461A 六位半台式数字万用表;

(3)压阻式压力变送器;

(4)直流电源;

(5)空压机;

(6)储气罐。

4. 实验方法及步骤

1)硬件连接

图 3-23 为压力测量系统结构图,本实验使用压力变送器测量充气或排气过程中的压力变化情况,实验压力由空压机提供。首先,按图将直流电源、压力变送器和数字万用表连接。然后,使用 USB 线将数字万用表连接至计算机。

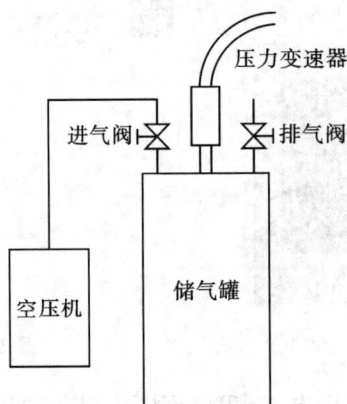

图 3-23 压力测量系统

2)压力测量程序的编写与调试

首先,打开 LabVIEW 软件,选择"文件"/"新建 VI",则生成一对空白的程序框图和前面板窗口,如图 3-24 和图 3-25 所示。

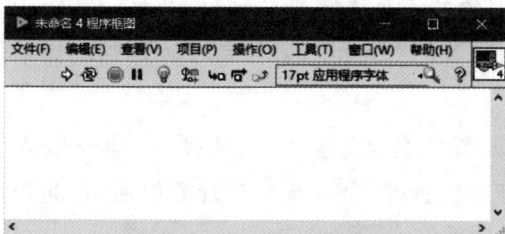

图 3-24 空白程序框图　　　　图 3-25 空白前面板

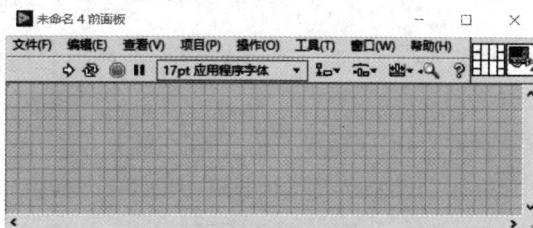

（1）使用 VISA 模块编制一个单次测量的程序。

一个完整的 VISA 采集过程：打开测量仪器→选择接口→仪器初始化→写入测量命令→读取测量结果→关闭测量仪器。

在程序框图界面中，点击右键，出现函数选板，点击"仪器 I/O→VISA→高级 VISA"，将"VISA 打开"图标拖入程序框图中，具体位置见图 3-26。

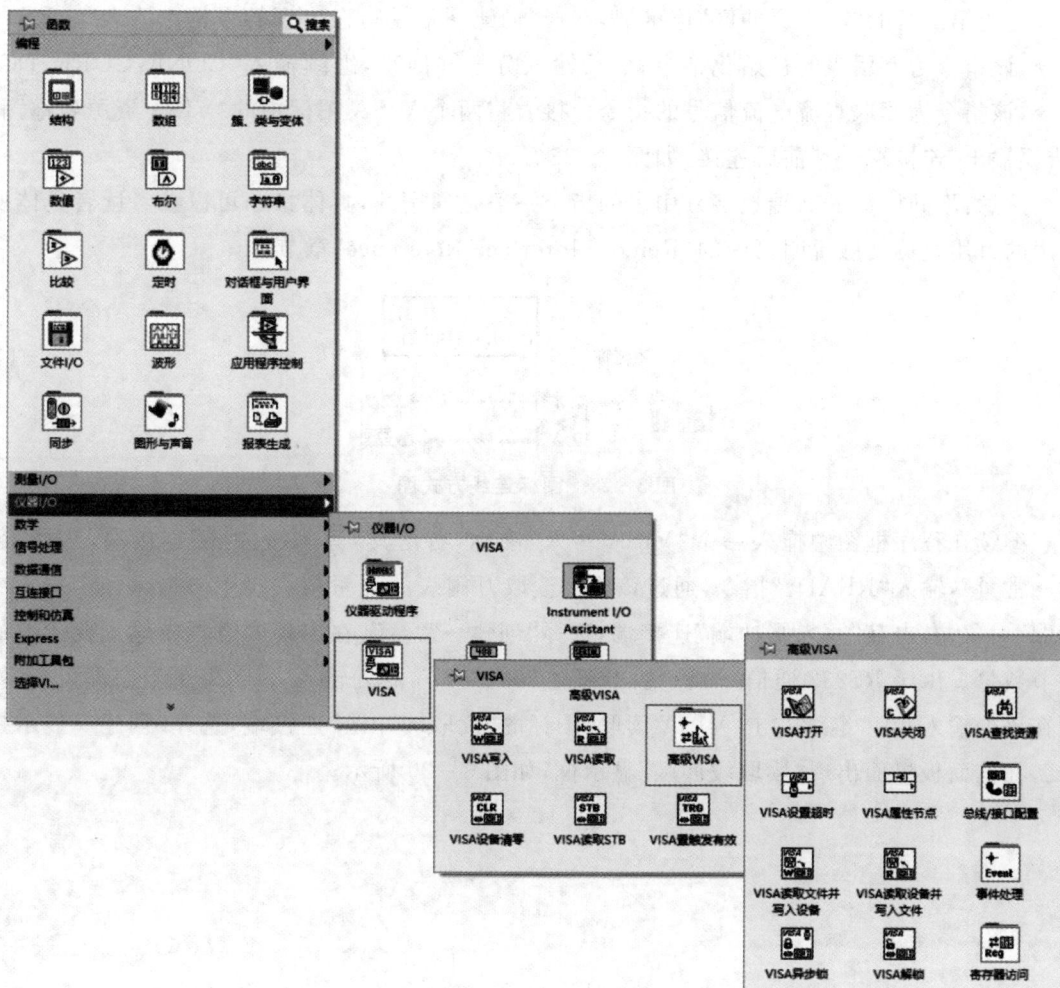

图 3-26 "VISA 打开"图标位置图

在 LabVIEW 的程序框图中,当鼠标移动到对象的每个连接端位置处,会显示其所代表的功能。此外,在每个对象的图标上点击右键选择"帮助",还可以看到每个连接端的详细信息和范例。

右键点击"VISA 打开"图标左上角的"VISA 资源名称"连接端,选择"创建→输入控件",进入前面板界面,点击图中的下拉框,由于万用表通过 USB 接口与计算机通信,此处选择 USB 接口,如图 3 - 27 所示。

图 3 - 27   USB 接口的选择

通过函数选板,点击"仪器 I/O→VISA",将"VISA 写入"图标拖入程序框图中。右击该图标左边第二行的"写入缓冲区"连接端,选择"创建→常量",在出现的方框中输入"＊RST"指令,该指令为万用表的初始化指令;然后输入分号并回车,继续输入"CONF:CURR:DC"指令,该指令为读取直流电流信号的指令。接着将两个 VISA 图标中的"VISA 资源名称"和"错误输出"连接端分别前后连接,如图 3 - 28 所示。

注意:不同厂家的高端数字万用表的指令一般是通用的,具体指令可以参考读者具体所使用的万用表英文版说明书中的"Remote Interface Reference"章节。

图 3 - 28   图标连线方式图

继续在程序框图中拖入一个"VISA 写入"图标,右击其"写入缓冲区"连接端,选择"创建→常量",输入"READ?"指令,通过该指令读取万用表的测量值。接下来拖入一个"VISA 读取"对象,右击其"写入缓冲端"连接端,选择"创建→常量",在出现的方框中输入要读取的字节数量。由于 RS232 通信一帧一般不超过 20 个字节,此处输入大于 20 的数字即可,本例中在该处输入 40。继续右击"VISA 读取"图标的"读取缓冲区"连接端,选择"创建→显示控件",在前面板界面出现"读取缓冲区"显示框,如图 3 - 29 所示。

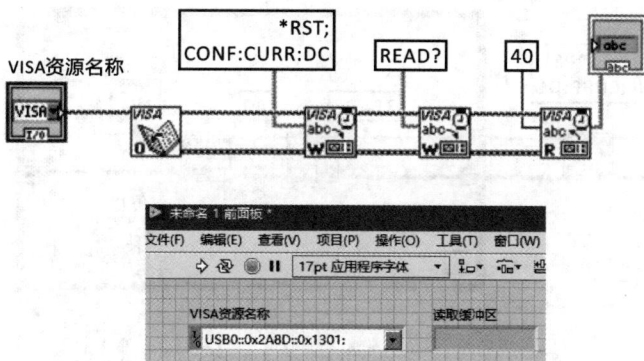

图 3 - 29　读取缓冲区程序框图和前面板显示图

继续在程序框图中拖入一个"VISA 写入"图标,写入"SYST:LOC"指令,该指令的作用是停止万用表的远程控制。然后拖入一个"VISA 关闭"图标,连线之后即编制完成一个仅读取单次测量结果的程序,如图 3 - 30 所示。

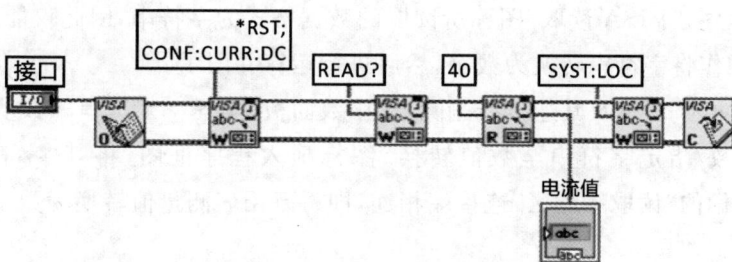

图 3 - 30　单次测量完整程序框图

点击 LabVIEW 程序左上角的 ⇨ 按钮,在前面板的"写入缓冲区"即显示出万用表的电流测量值,如图 3 - 31 所示。

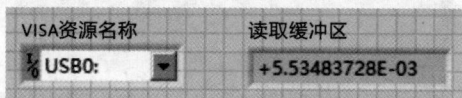

图 3 - 31　单次采集完整程序前面板图

(2)实现程序实时测量并图示功能。

基于上述程序,继续从函数面板将"编程→结构"子选板中的"While 循环"图标拖入程序框图中,调整方框大小,使得"READ?"指令和读取指令位于"While 循环"方框内,右击"While 循环"框内的红色小圆块左侧的"循环条件"连接端,选择"创建→输入控件",在前面板中出现一个"停止"按钮,如图 3 - 32 所示。

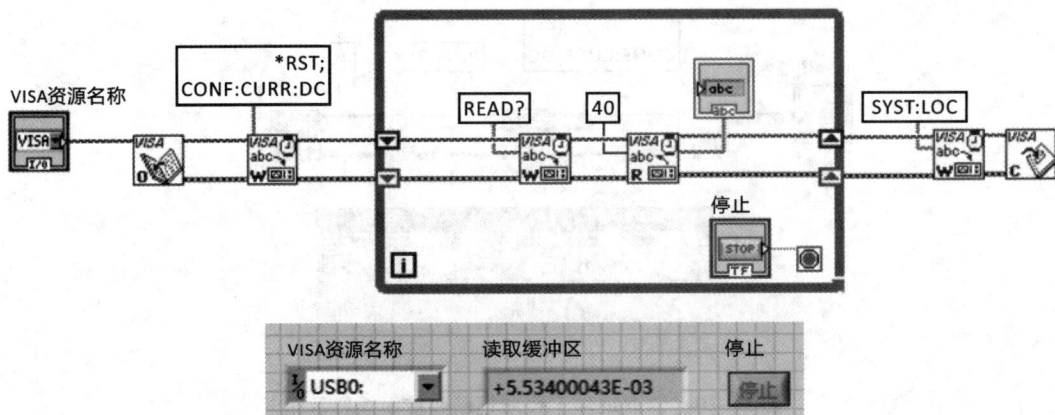

图 3 - 32　实时测量并显示测量数据程序框图和前面板显示图

　　点击 LabVIEW 程序左上角的 ⇨ 按钮，前面板"读取缓冲区"方框即自动循环显示当前电流测量值。点击"停止"按钮后，测量停止。

　　在上面的程序，"VISA 读取"图标所读取的数据格式为字符串，因此仅能显示，不能进行运算。下文的操作将字符串转换为数字，然后进行运算并图示。

　　将"读取缓冲区"图标及其连接线删除，从函数面板"编程→字符串→数值/字符串转换"子选板中将"分数/指定字符串至数值转换"图标拖入程序框图，将其"字符串"连接端与"VISA 读取"图标的"读取缓冲区"连接端相连，即将万用表测量值转换为数字格式，如图 3 - 33 所示。

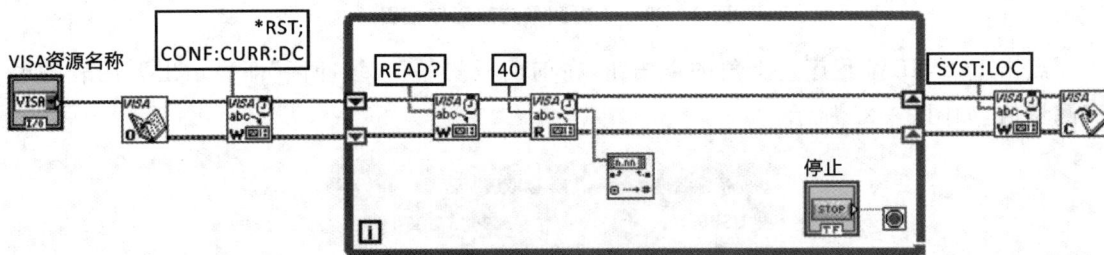

图 3 - 33　字符串转数字输出程序框图

　　从函数面板将"编程→数值"子选板的"乘"图标拖入程序框图，将其左侧的"x"连接端与"分数/指定字符串至数值转换"图标的"数字"连接端相连。右击其"y"连接端，选择"创建→常量"，将数字设为"1000"，该操作将万用表输出值的单位由"A"改为"mA"。右击"乘"图标右侧连接端，选择"创建→显示控件"，在前面板出现一个显示电流值的方框，将方框上面的"x * y"改为"电流/mA"，如图 3 - 34 所示。

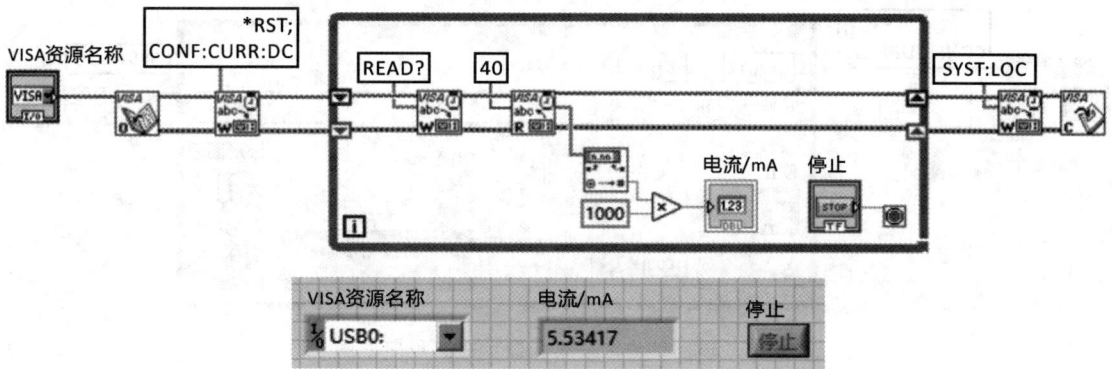

图 3-34　电流实时显示程序框图和前面板图

从函数面板将"编程→结构"子选板的"公式节点"图标拖入程序框图,右击"公式节点"方框左侧边框,选择"添加输入",在出现的方框内输入"I",将"I"的连接端与"乘"图标的"x＊y"连接端相连。右击"公式节点"方框右侧边框,选择"添加输出",在出现的方框内输入"p",右击"p"的连接端,选择"创建→显示控件",将"输出变量"文字改为"压力/kPa"。在"公式节点"方框中写入压力与电流的计算关系,本实验所使用的压力变送器的量程为 1 MPa,因此公式为"p＝1000＊(I−4)/(20−4);",注意公式以分号结束。点击 按钮运行,在前面板即可显示出所测量的电流值和压力值,如图 3-35 所示。

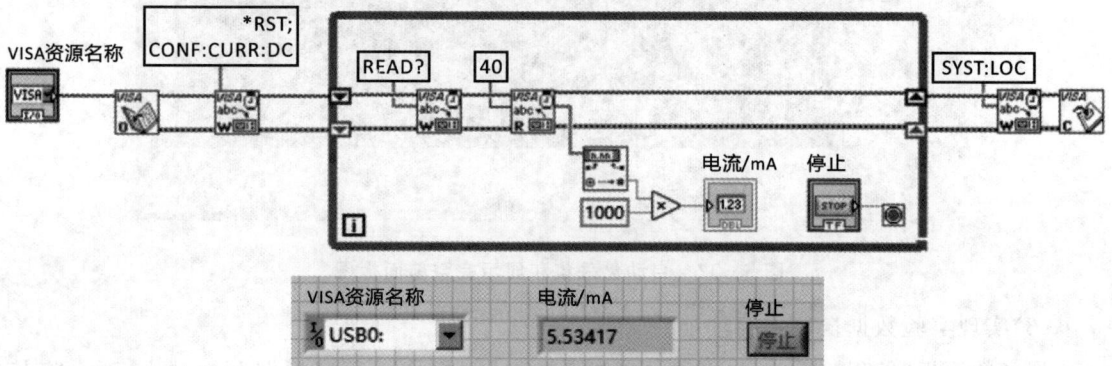

图 3-35　压力计算程序框图和前面板显示图

在前面板右击,将"新式图形"子选板中的"波形图表"图标拖入前面板中,并通过拖拉调整图框大小。切换到程序框图,将"波形图表"图标拖至"While 循环"方框内,将其连接端与"p"的连接端相连。从函数面板将"编程→定时"子选板的"等待下一个整数倍毫秒"图标拖入程序框图,右击其左侧的"毫秒倍数"连接端,选择"创建→常量",将值设为"1000",即为每隔 1000 ms 进行一次测量,如图 3-36 所示。此时,点击 按钮运行,在前面板即可动态显示出压力测量曲线,如图 3-37 所示。

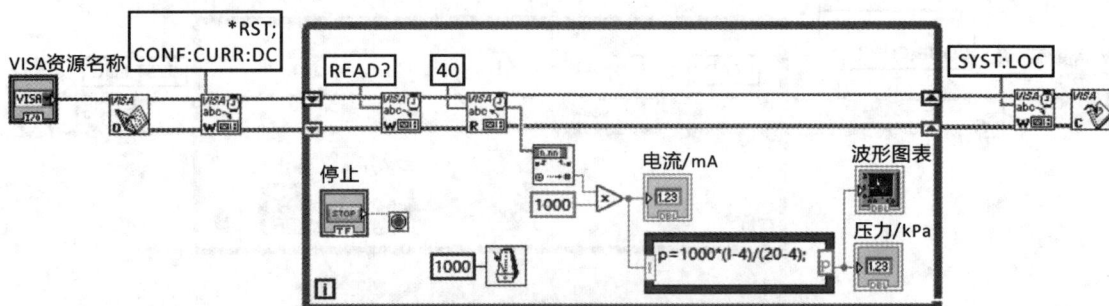

图 3-36　自动化采集和显示完整程序框图

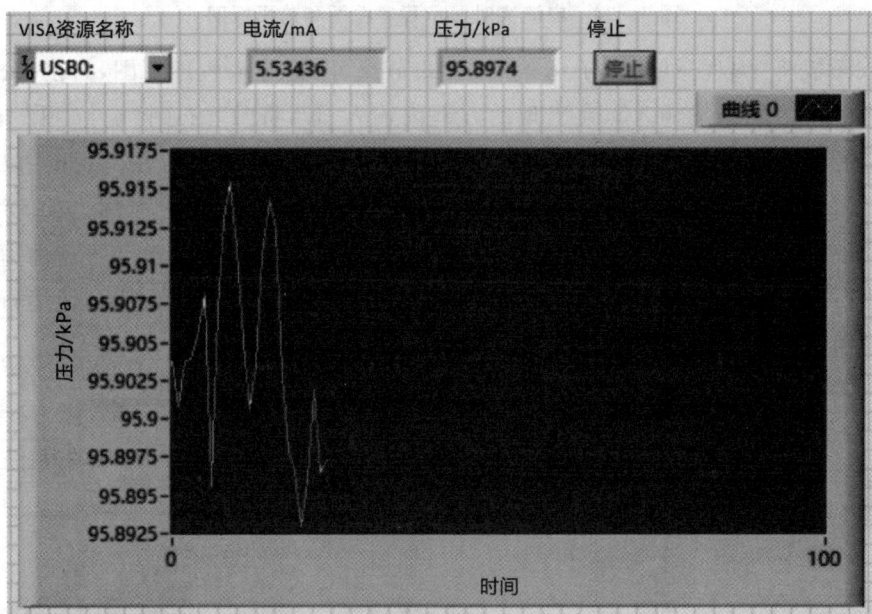

图 3-37　自动化采集和显示完整前面板图

（3）实现实验数据自动保存功能。

将函数面板"编程→数组"子选板的"创建数组"图标拖入程序框图并拖动为三行，将其左侧三个连接端分别与 🔢、▷和 🔲 图标的右侧相连，即所记录的三列数分别为测量点数、电流值和压力值，如图 3-38 所示。

从函数面板将"编程→文件 IO"子选板中的"写入（带分隔符）电子表格"图标拖入程序框图，将其"一维数组"连接端与"创建数组"图标右侧连接端相连，右击其左侧"添加至文件？（新文件 F）"连接端，选择"创建→常量"，点击创建的"F"将其改为"T"。继续点击"写入带分隔符电子表格"图标左侧第一个"文件路径"连接端，选择"创建→输入控件"，将其拖至"While 循环"框的外侧，此时在前面板出现文件路径方框。在框中输入文件路径"C:\pressure. txt"，程序运行后所测量的数据将自动保存至该文件中。编写完成的测量结果自动保存程序框图和前面板图分别见图 3-39 和图 3-40。

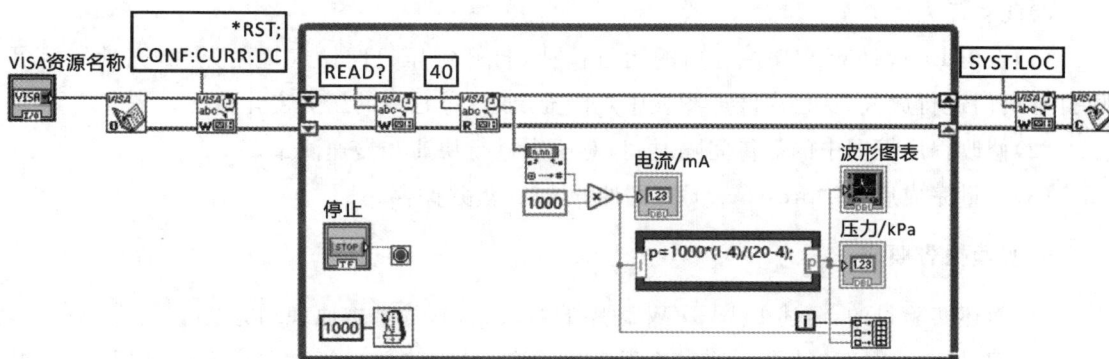

图 3-38 创建数组图标连接图

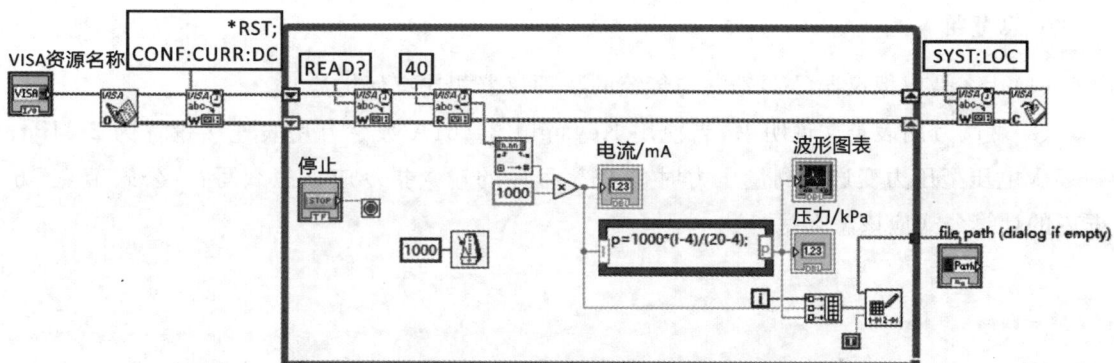

图 3-39 编写完成的测量结果自动保存程序框图

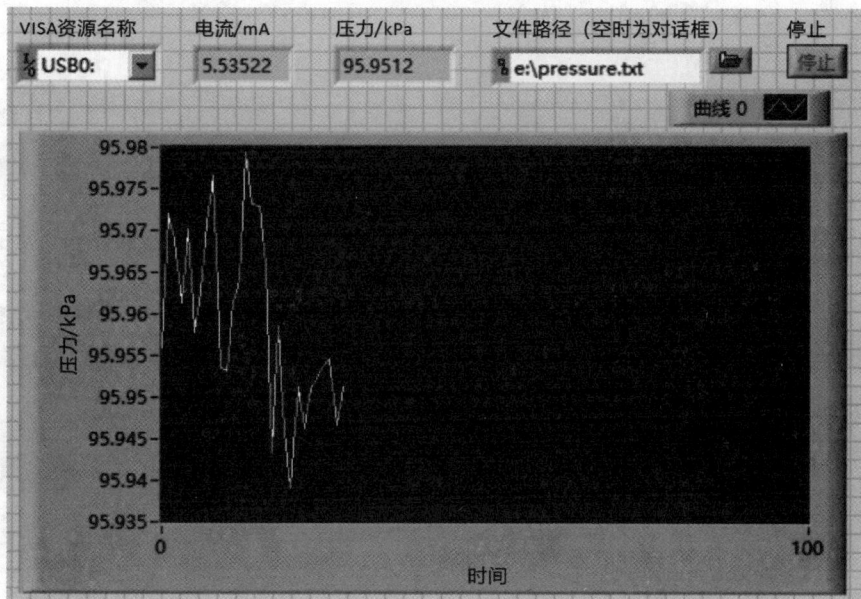

图 3-40 编写完成的测量结果自动保存前面板图

3)气体压力的测量

(1)点击 LabVIEW 程序左上角的运行按钮,打开空压机向储气罐内充气,充满气后可以打开阀门进行放气,从程序波形图表中观测充、放气过程中的压力变化情况;

(2)修改程序框图中的等待间隔时间,对压力进行快速和慢速测量;

(3)测量完成后,将"pressure.txt"文件导入 U 盘并保存。

5. 实验报告要求

(1)简述实验目的,简述 LabVIEW 程序的组成、编写的基本原理和方法。

(2)记录实验内容和结果。①实验程序界面和框图(将前面板和程序框图截屏)。②根据保存的数据,用 Excel、Origin 等软件做出时间和压力的曲线图。

6. 思考题

(1)什么是虚拟仪器(VI)？它与传统的物理仪器相比有何优势？

(2)翻阅万用表英文说明书,当使用 Keysight 34461A 数字万用表连接量程为 2 MPa、1~5 V 电压型压力变送器测量压力时,VISA 程序的输入指令应该怎么写？"公式节点"方框内的计算公式应该怎么写？

第 4 章

流量测量

4.1 流量测量方法

流体流过一定截面的量称为流量,流量是瞬时流量和累积流量的统称。在一段时间内流体流过一定截面的量称为累积流量,也称为总量;当时间很短时,流体流过一定截面的量称为瞬时流量。在不会产生误解的情况下,瞬时流量也可简称流量。流量用体积表示时称为体积流量 q_v,用质量表示时称为质量流量 q_m,两者的关系为

$$q_m = q_v \rho \qquad\qquad (4-1)$$

式中:ρ 为流体的密度。

按照流量的测量原理,将流量测量方法分成四大类:利用伯努利方程原理来测量流量的流量计是以输出流体差压信号来反映流量的,该方法称为差压式流量测量方法;利用测量流速得到流量的方法称为速度式流量测量方法;利用一个一个标准小容积连续地测量流量的方法称为容积式流量测量方法;以测量流体质量流量为目的的方法称为质量流量测量方法。

1)差压式流量测量方法

差压式流量计是利用伯努利方程原理来测量流量的。对不可压缩流体,流量与差压的平方根成正比。常见的差压式流量计有标准节流装置、非标节流装置、均速管流量计、靶式流量计、临界流流量计、内锥式流量计、弯管流量计、面积式流量计等。

2)速度式流量测量方法

利用测量或感受流速信号来得到流量的流量计统称为速度式流量计。它的种类很多,近年来发展也很快。常见的速度式流量计有涡轮流量计、涡街流量计、电磁流量计、超声流量计等,热线测速仪等速度测量仪表也可归为此类。

3)容积式流量测量方法

将流体充满一个个标准小容积,再通过这些小容积将流体连续地从流量计的一端输运到另一端,从而得到流量的方法称为容积式流量测量方法。常见容积式流量计如圆盘流量

计、活塞流量计、椭圆齿轮流量计、腰轮流量计、旋转叶片式流量计、隔膜式气体流量计等。

4）质量流量测量方法

以直接或单一测量读出流体质量流量为目的的流量计称为质量流量计。它可以分为三大类：一是直接测量流体质量流量的直接式质量流量计，有热式、双孔板、双涡轮、科氏力等；二是分别测量流体流速和密度，再由运算得到质量流量值的间接式质量流量计；三是利用流体密度与温度、压力之间的关系，用补偿方式消除流体密度变化的影响，进而得到质量流量值的补偿式质量流量计。

4.1.1　孔板流量计

节流式差压流量计在差压流量计中是历史较悠久、使用较成熟的一类流量计，其中以标准节流装置为代表的检测件已有百年的发展历史，得到国际标准化组织和国际法制计量组织的认可，在国际间作为通用流量计互为认可。

伯努利方程说明了流体流线上各点之间的能量关系。若在流体流过的管路中安装一个使流通截面缩小的节流件，则流体流过该节流件会在节流件前后产生静压力差 Δp。设节流件处的流体流通截面积为 A，流体密度为 ρ，根据伯努利方程和流体的连续性方程，可以导出流体的体积流量 q_v：

$$q_v = A\sqrt{\frac{\Delta p}{\rho}} \tag{4-2}$$

由上式可知，若节流件前后的流通截面积 A 和流体密度 ρ 一定，则流体流量与节流件前后压差的平方根成正比，这就是节流流量计的测量原理；若保持节流件前后压力差恒定，则流量与节流件处的流通截面积 A 成正比，这就是面积式流量计（转子流量计）的测量原理。

4.1.2　涡街流量计

黏性流体在绕流物体时，在一定 Re 范围内，在物体的后方左右两侧会交替地产生并脱落旋转方向相反的旋涡，同时随着来流向后方移动，这种现象称为卡门涡街。涡街流量计就是利用卡门涡街的变化规律而制成的。

如图 4-1 所示，在流体中放置一个有对称形状的非流线形柱体时，在它的下游两侧就会交替出现旋涡，两侧旋涡旋转方向相反，并轮流地从柱体上分离出来，旋涡场振动波频率正比于流体流速。

图 4 - 1　涡街流量计原理

当旋涡中心之间纵向距离 h 和横向距离 l 满足 $h/l=0.281$，所排列的旋涡列相对稳定。大量实验证明，旋涡形成的振动波频率 f 与柱体附近的流体流速 v_1 成正比，与柱体特征尺寸 d 成反比，即

$$f = Sr\frac{v_1}{d} \qquad (4-3)$$

式中：Sr 为流体流过柱体时振动现象的无量纲数，称为斯特劳哈尔数，它与雷诺数 Re 及柱体形状有关，Re 在 $500\sim150000$ 的范围内，圆柱体 $Sr=0.2$，等边三角形柱体 $Sr=0.16$。当柱体形状、尺寸确定后，就可以通过测量频率 f 计算流量。

$$q_v = \frac{f}{K} \qquad (4-4)$$

式中：K 为流量计的仪表系数，L^{-1} 或 m^{-1}。

仪表系数是涡街流量计的重要参数，它与流量计的通径、发生体的形状和尺寸有关，和 Sr 一样，其在很宽的 Re 范围内可视为常数。

4.1.3　涡轮流量计

涡轮流量计是一种速度式流量仪表，以动量矩守恒原理为基础，流体冲击涡轮叶片，使涡轮旋转，涡轮的旋转速度随流量的变化而变化，最后根据涡轮在单位时间内的转数求出流量值。在二次仪表上进行计数和显示，可反映出瞬时流量和累积流量，也可转换成标准信号，进行远传。按叶轮相对于流向的安装方向，分为切向式和轴流式两种。切向式的构造：流体沿叶轮切向流动，使计量室内叶轮转动，与水车相似。与此相反，轴流式是把叶轮的旋转轴设置成与管中流体的流向平行，叶轮受流体的冲击而转动，与风车相似。

涡轮流量计由下列部件组成：

(1)仪表外壳：用于承受被测流体的压力，固定和安装检出元件，连接管道。

(2)导流器：用于对流体导向整流，支承涡轮轴承，防止外部扰动对叶轮的影响。

(3)涡轮：也称为叶轮，用于将流体动能转换为叶轮的机械能，如图 4 - 2 所示。

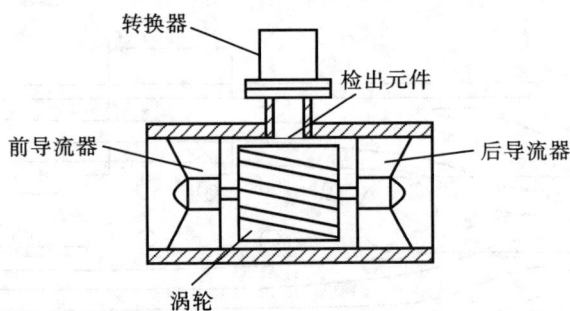

图 4－2　涡轮流量计结构示意图

（4）信号检测放大和转换器：由永久磁钢、导磁棒（铁芯）、线圈组成的变磁阻检测放大器。利用永久磁钢对高导磁叶片的吸引力产生磁阻力矩，经由前置放大器、整形和滤波等信号处理环节组成的转换器，最终输出幅值较大的电脉冲信号，用于计数确定流体流量。

涡轮流量计的主要特点是结构简单、容易操作、维修方便、适用范围广、响应性好、输出信号为脉冲频率，因此适用于总量及瞬时流量的测量，且易于远传、信号的抗干扰能力较强、可以用小型的仪表测量大流量。

4.1.4　腰轮流量计

腰轮流量计又称为罗茨流量计，是一种典型的转子型容积流量计，由计量室和内装的一对旋转方向相反、腰轮形状的转子组成。仪表腔内两个相切旋转的腰轮与壳体外同轴的传动齿轮一起联动，两个腰轮是互为共轭曲面的双叶转子。当流体通过本体时，进、出口处的压力差推动腰轮转动，当被测流体推动腰轮旋转时，腰轮之间由传动齿轮保持旋转的同步性。转动过程中，会在计量室里产生上、下两个计量腔，腰轮流量计传动齿轮每转一圈的理论排量等于四个计量腔的容积和。腰轮的转动速度由外部齿轮进行测量得出并传送到显示机构用于显示。腰轮流量计的结构简图见图 4－3。

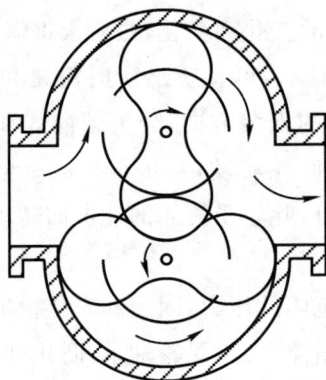

图 4－3　腰轮流量计结构示意图

4.1.5　科里奥利质量流量计

旋转体系中进行直线运动的质点,由于惯性作用,有沿着原有运动方向继续运动的趋势,经历一段时间运动后,体系中质点位置会改变其原有运动趋势的方向。如果从旋转体系的视角观察,就会发生一定程度偏离。这种质点在直线运动时偏离原有方向的倾向可归结为一个外加力的作用,即科里奥利力。从物理学观点看,科里奥利力与离心力一样,都是实际不存在的力,科里奥利力是惯性作用在非惯性系内的体现。用下式表示科里奥利力 $\boldsymbol{F}_c$:

$$\boldsymbol{F}_c = 2m\boldsymbol{\omega} \times \boldsymbol{u} \tag{4-5}$$

式中:m 为物体质量;$\boldsymbol{\omega}$ 为圆盘旋转角速度;$\boldsymbol{u}$ 为物体运动速度。力方向遵从右手规则。

如果能够确定科里奥利力 $\boldsymbol{F}_c$,就可根据速度 $\boldsymbol{\omega}$ 求得质量 m。科里奥利力质量流量计是将管道绕圆心以等于或接近于其谐振频率振动,从而使管道产生科里奥利力。通常用电磁(光)学的方法检测科里奥利力(力矩)。

科里奥利质量流量计由测量管、驱动器、位置检测器、温度传感器、信号处理和驱动电源调理电路板、内部支架和壳体组成。

(1)测量管:一个具有足够的弹性的弯管,对测量管的位置检测具有较高的检测灵敏度,具有足够刚度,能承受长期谐振频率的振动,具有较强的抗管道和外界振动干扰影响的能力。

(2)驱动器:用于使测量管产生振动,一般使用电磁驱动器,它由激励线圈和铁芯组成。单管型的铁芯固定在测量管上,线圈在壳体内;双管型的铁芯和线圈分别固定在两根测量管上。

(3)位置检测器:常用电磁和光电式位置检测器,位于与驱动器对称的位置(单驱动器)或驱动器所在管道的另一侧相对位置(双驱动器)。位置检测器的输出信号与测量点的位移量成正比。

(4)温度传感器:用于补偿测量管刚度随温度变化造成的影响。温度检出元件位于测量管外壁。

(5)信号处理和驱动电源调理电路板:信号处理板接收位置检测器提供的两个位置转换的交流电压信号和一个温度传感器提供的信号,经信号处理、滤波等转换为与流体质量流量成正比的位移矢量中正弦函数零点时间差输出;电源调理电路板提供电压幅值和频率可调的电源,根据位置检测器提供的当前测量点的振动幅值和频率,自动调谐电源使其运行在该谐振频率,并保持谐振幅值不变。

科里奥利流量计可用于液体、浆液、气体或蒸汽、多相流体的质量流量的测量,精确度高,可以测量多种参数,包括温度、密度、浓度等,且不需要直管段整流,但要对管壁进行定期维护,防止腐蚀。

4.1.6 流量计电信号的测量方法

流量计检测的直接信号,如差压、脉冲数、频率偏移等要进行放大和处理转换成流量信号,然后再转换成标准的电流或电压信号。

直接信号需要相应的测量变送器配合,如差压式流量计需要通过差压变送器获取节流装置检测的差压信号。容积式流量计、涡轮流量计等检测流量时的输出信号是脉冲信号,这类流量计都需要检测频率信号,通过计数器将脉冲信号转换为脉冲个数。质量流量计需要传感器测出相应的力和位移大小。直接信号通过相应的流量计工作原理进行处理,以微处理器为核心通过与传感器的信号连接,转换成相应的数字显示或 $4\sim20$ mA 模拟量输出。

4.2 流量测量实验

4.2.1 实验一 流量计测量实验

1. 实验目的

(1)了解腰轮流量计的工作原理;

(2)了解科里奥利质量流量计的工作原理;

(3)熟悉相关测量仪表的使用方法。

2. 实验原理

1)容积流量计

图 4-4 显示腰轮流量计的工作过程。两个腰轮在液体产生的转矩作用下进行旋转,旋转方向如图 4-4 所示。其转矩随腰轮位置的改变而发生变化。

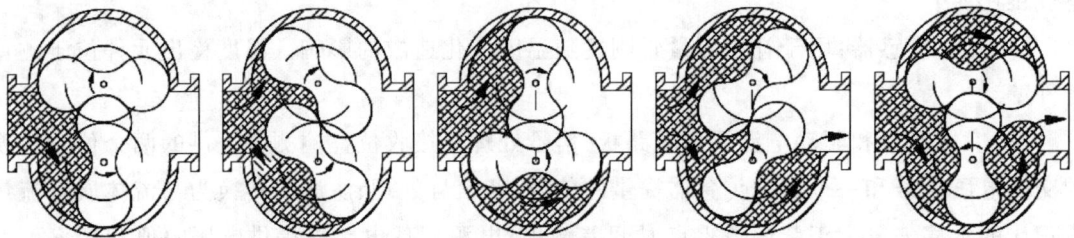

图 4-4 腰轮流量计工作原理图

如图 4-4 最左侧图所示,下面的腰轮的两侧都受到液体的作用,因此,受到较小的转矩。上面的腰轮只有左侧受到流体的作用,而右侧没有流体,受到较大的转矩,因此,成为主动轮。它带动主动腰轮顺时针旋转,下面的从动腰轮随主动腰轮逆时针旋转。

当运行到第 2 张图状态时,上面的腰轮仍受到流体的作用,成为主动轮,带动下面的腰轮转动。

当运行到第 3 张图状态时,上面的腰轮上下两侧都受到流体作用,因此,转矩较小。下面的腰轮因左半部分上下侧流体作用相互抵消,而右半部分受到流体作用,因此有较大转矩,成为主动轮,它带动下面的腰轮逆时针旋转,并带动上面的腰轮(转为从动轮)旋转。图中,下面的腰轮与壳体之间的腔室就是测量室,其流体体积就是腰轮流量计的一次输出量。

当运行到第 4 张图状态时,下面的腰轮仍受到流体的作用,成为主动轮,带动上面的腰轮转动。

最右侧图,下面测量室的流体被排出,上面的腰轮转为主动轮,带动下面的腰轮旋转。同时,上面的腰轮与壳体之间的腔也是测量室,其流体体积就是腰轮流量计的另一次输出量。可见,腰轮流量计的测量过程是两个腰轮的主动轮和从动轮的交替过程。它们在流体作用下转动,并在每次转动过程中,将定量的流体引入和排出。

当腰轮转动一周,有两次下测量室和两次上测量室的流体被计量和排出。因此,根据腰轮的转动次数就可以确定流过流量计的流体体积流量。通常,上、下测量室的体积相等,设为 V_0,则流过的体积流量为

$$q_V = 4nV_0 \qquad\qquad (4-6)$$

式中:n 为腰轮旋转速度,r/s;V_0 为测量室体积,m^3;q_V 为体积流量,m^3/s。

在椭圆腰轮流量计的测量过程中,腰轮上的转矩变化,会造成腰轮转动速度的不均匀,出现时快时慢的脉动现象。因此,不能用瞬时转速来表示流体的瞬时流量。但是腰轮旋转一周,流体的体积流量是固定的,可根据该流量和转数确定流体平均流速和平均流量。

2)质量流量计

科里奥利质量流量计是利用流体在直线运动的同时处于一个旋转系中,产生与质量流量成正比的科里奥利力而制成的一种直接式质量流量传感器。流量计的测量管道是两根两端固定平行的 U 形管,在两个固定点的中间位置由驱动器施加产生振动的激励能量,在管内流动的流体产生科里奥利力,使测量管两侧产生方向相反的扭曲。位于 U 形管两个直管管端的检测器用光学或电磁学方法检测扭曲量以求得质量流量。当管道内充满流体时,流体也成为转动系的组成部分,流体密度不同,管道的振动频率会因此有所改变,而密度与振动频率有一个固定的非线性关系,因此科里奥利质量流量计也可测量流体密度。

如图 4-5 所示,当流量计工作时,驱动器使 U 形管自由端管段上下振动,即以正弦规律上下变化,科里奥利力也随之正弦变化,左右两侧管段的相位差为 180°,因此,形成绕安装端的交变力矩 M。

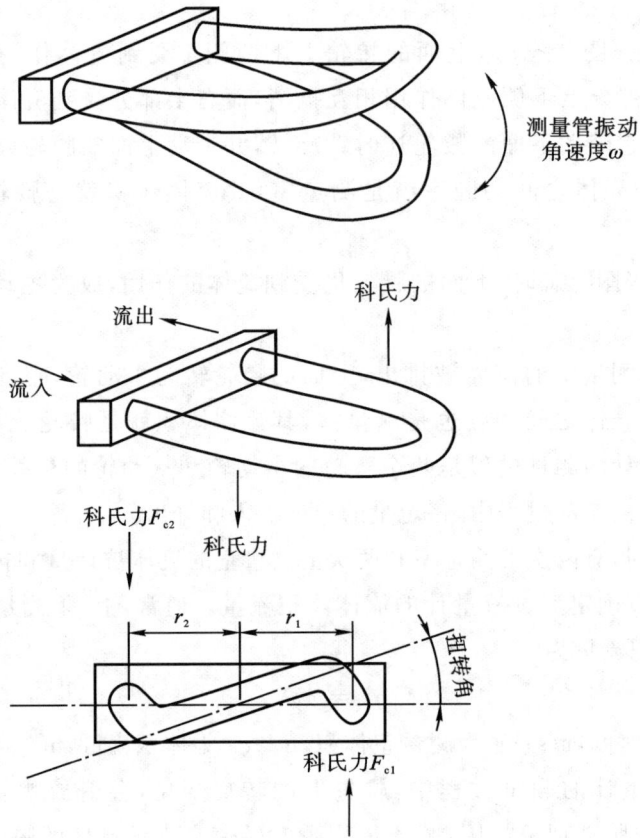

图 4 - 5 科里奥利质量流量计结构图

假设质量为 m 的流体，以速度 v 流过 U 形管，产生两个科氏力为 F_{c1} 和 F_{c2}，U 形管两侧管段到扭转轴的垂直距离为 r_1 和 r_2。则交变力矩 $M = F_{c1}r_1 + F_{c2}r_2$，由于结构对称，有 $M = 2F_c r = 4m\omega vr$。

交变力矩使 U 形管扭转的扭转角为 θ，则 $M = K_s \theta$。其中，K_s 是 U 形管系统的扭转弹性系数。因此，有

$$q_m = mv = \frac{K_s \theta}{4\omega r} \qquad (4-7)$$

上式是科里奥利质量流量计的基本方程式。它表明，流体质量流量 q_m 与扭转角 θ 成正比，与角速度 ω 成反比，也与 U 形管系统的扭转弹性系数成正比。当 U 形管系统确定后，其驱动器的振动频率确定。因此，U 形管振动的角速度 ω 固定。此外，系统结构确定后，r 固定，U 形管系统的扭转弹性系数固定，即流体质量流量 q_m 与扭转角 θ 成正比。

当采用光电检测方式检测 U 形管的扭转变形时。若扭转角很小，则两个光电检测器检测到脉冲 N_1 和 N_2 之间的时间差 Δt（见图 4 - 6）与管段运动速度 u_p 之积为 $u_p \Delta t = 2r\theta$。其中，管段速度 $u_p = L\omega$。L 是 U 形管长度。因此，可将式(4 - 7)表示为

$$q_m = \frac{K_s}{4\omega r} \times \frac{L\omega \Delta t}{2r} = \frac{K_s L}{8r^2} \Delta t \qquad (4-8)$$

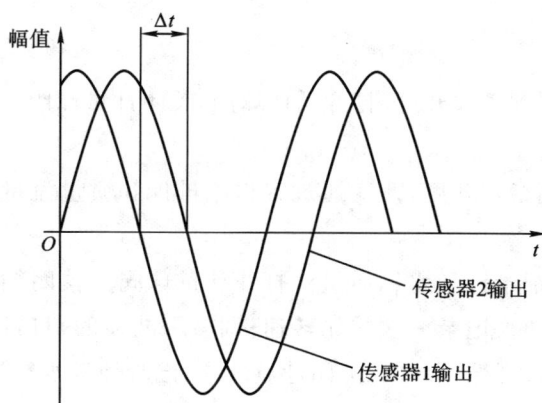

图 4 - 6　传感器输出信号

这表明流量计的质量流量与两个光电检测器输出脉冲间隔时间差 Δt 成正比。

3. 实验仪表及设备

如图 4 - 7 所示,水泵从循环水箱中将水抽出,水从水泵出口分为两路,一路经调节阀直接回到循环水箱,这个回路用于标定流量的调节,成为流量调节回路;另一路水流经科里奥利质量流量计和腰轮容积流量计,最后经过球阀决定水回到循环水箱还是计量水箱,这个回路叫测量回路。计量水箱内的水通过手动启动计量水箱内的潜水泵将水送回到循环水箱。计量水箱内接收的水量通过电子秤获得,涡轮流量计检测元件的输出脉冲频率由电子计数器测量并显示。

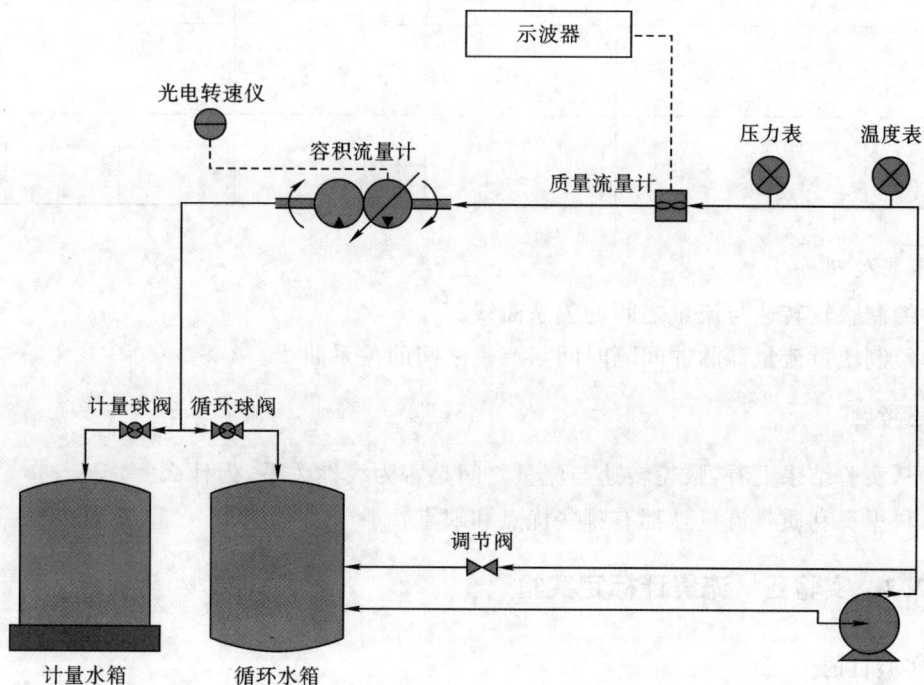

图 4 - 7　流量测量实验装置图

4.实验方法及步骤

(1)将流量调节阀开到最大开度,打开循环球阀,关闭计量球阀。

(2)启动水泵。

(3)调节调节阀达到指定开度,改变通过容积流量计和质量流量计的流量,使其达到所需的流量。

(4)待流量稳定后,记录计量水箱质量。打开计量球阀并关闭循环球阀,记录时间。每隔一段时间使用光电转速仪记录一次腰轮转速;调整示波器的扫描周期待波形稳定后记录两个脉冲之间的时间。打开循环球阀,关闭计量球阀,记录计量水箱质量及时间。手动启动潜水泵进行计量水箱的排水。

(5)重复上述(3)、(4)步骤,完成所有测量点的数据记录。

(6)将流量调节阀全开,按停止水泵按钮,停止水泵运转。

5.实验数据记录及处理

1)数据记录(见表4-1)

表4-1 数据记录表

测量点(调节阀开度)/%	水温/℃	流量计入口压力/kPa	腰轮流量计腰轮转速/(r·s⁻¹)	质量流量计脉冲间隔时间/ms	起始质量/kg	结束质量/kg	时长/s
100							
75							
50							

2)数据处理

(1)绘制腰轮转速与流量之间的关系曲线。

(2)绘制质量流量计脉冲间隔时间与流量之间的关系曲线。

6.思考题

(1)从实验结果上看,腰轮转速与流量之间是否为线性关系,为什么?

(2)科里奥利质量流量计都有哪些优点和缺点?

4.2.2 实验二 流量计标定实验

1.实验目的

(1)巩固常用流量计的测量原理;

（2）学会常用流量计的安装、使用及标定的基本方法；

（3）熟悉一些常用仪表的使用方法。

2. 实验原理

1）孔板流量计

孔板流量计是一种典型的节流式差压流量计，原理简图如图 4-8 所示。它由节流装置、差压变送器组成。

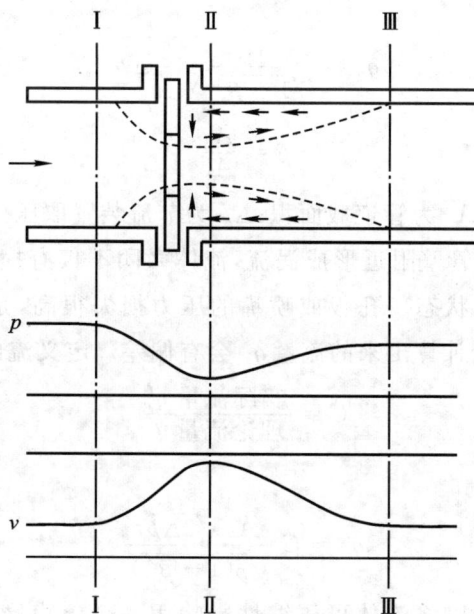

图 4-8　孔板流量计工作原理图

流体通过孔板时的流速和压力分布如图 4-8 所示。在 Ⅰ—Ⅰ 截面前，流体尚未受节流件的影响，管道内流速分布为节流件前有较长直管段形成的规则速度分布（亦称充分发展管流），管道轴心处的静压与管壁处的静压相等；Ⅰ—Ⅰ 截面后〔约（0.5～2）管径 D〕，流体开始受节流件的影响，靠近管壁的流体向中心加速，平均流速 v 逐渐升高，直至 Ⅱ—Ⅱ 截面（孔板开孔后一定距离），流束收缩到最小，平均流速达最大值 v，这是因为流体的惯性使得流束经孔口后有射流现象，自 Ⅱ—Ⅱ 截面后，流束开始膨胀，直至 Ⅲ—Ⅲ 截面，又恢复到 Ⅰ—Ⅰ 截面前的情况，此时平均流速逐渐降低至 v。与平均流速相对应的静压 p 亦经历由低到高再恢复到低值的过程。

假设流体是不可压缩的理想流体，其流动符合一维等熵的定常流条件。对不满足条件的影响因素用修正系数修正。

（1）连续性方程。如图 4-8 所示，取截面 Ⅰ、Ⅱ。

$$v_1 A_1 = v_2 A_2 = q_v \tag{4-9}$$

式中：v_i 为过流截面 $i(i=1,2)$ 的平均流速，m/s；A_i 为过流截面 i 的截面积，m²；q_v 为流体体积流量,m³/s。

(2)伯努利方程。对Ⅰ和Ⅱ截面,有

$$Z_1 + \frac{p_1}{\rho_1} + \frac{v_1^2}{2} = Z_2 + \frac{p_2}{\rho_2} + \frac{v_2^2}{2} \tag{4-10}$$

式中:Z_i、$\frac{p_i}{\rho_i}$、$\frac{v_i^2}{2}$ 分别为单位质量流体在过流截面 i 的位能、压力能和动能的平均值($i=1,2$)。

对于理想不可压缩流量,当流量计水平布置时,$\rho_1 = \rho_2$,$Z_1 = Z_2$。代入并简化得流体体积流量 q_v 为

$$q_v = \frac{A_0}{\sqrt{1-\beta^4}} \sqrt{\frac{2}{\rho}\Delta p} \tag{4-11}$$

$$\beta = \frac{A_0}{A_1} \tag{4-12}$$

式中:A_0 为孔板开孔面积;A_1 为管道截面积;Δp 为节流装置取压处的静压差。

流体在节流件前、后的管壁附近形成涡流,流体微团不仅有横向脉动,而且还有逆向运动,是一种非常复杂的流动状态。孔板或喷嘴的压力损失很高,是这些涡流能量耗散造成的,使得实际流量 q_v' 与理论计算出来的流量 q_v 会有偏差。定义流出系数 C 为

$$C = \frac{实际流量\ q_v'}{理论流量\ q_v} \tag{4-13}$$

因此可得

$$q_v' = C\frac{A_0\sqrt{2\Delta p}}{\sqrt{\rho(1-\beta^4)}} \tag{4-14}$$

对于可压缩性流体,可以将流体可压缩性影响用一个流束膨胀系数 ε 来考虑,公式可写为

$$q_v' = \varepsilon C\frac{A_0\sqrt{2\Delta p}}{\sqrt{\rho(1-\beta^4)}} \tag{4-15}$$

标准孔板的 ε 由实验确定,在出口压力与进口压力的比 p_2/p_1 不小于 0.75 时,可以用下列经验公式计算:

$$\varepsilon = 1 - (0.351 + 0.256\beta^4 + 0.93\beta^8)\left[1 - \left(\frac{p_2}{p_1}\right)^{1/\kappa}\right] \tag{4-16}$$

式中:κ 为流体的绝热系数。

标准孔板的流出系数 C,在相对粗糙度为 $0.3\times10^{-4} \sim 15\times10^{-4}$ 时,可以由里德·哈里斯/加拉格尔(Reader Harris - Gallagher)公式计算得出:

$$C = 0.5961 + 0.0261\beta^2 - 0.216\beta^8 + 0.000521\beta^{2.5}\left(\frac{10^6\beta}{Re_D}\right)^{0.7} +$$

$$(0.0188 + 0.0063A)\beta^{3.5}\left(\frac{10^6}{Re_D}\right)^{0.3} - 0.031(M_2' - 0.8M_2'^{1.1})\beta^{1.3} +$$

$$(0.043 + 0.080e^{-10L_1} - 0.123e^{-7L_1})(1 - 0.11A)\beta^4(1-\beta^4)^{-1} \tag{4-17}$$

当 $D \leqslant 71.12$ mm 时,上式还应加上以下项:

$$+0.011(0.75-\beta)\left(2.8-\frac{D}{25.4}\right)$$

式中:$L'_1=\dfrac{l'_1}{D}$,孔板上游端面到上游取压口距离与管道直径之比;$L'_2=\dfrac{l'_2}{D}$,孔板下游端面到下游取压口距离与管道直径之比;$M'_2=\dfrac{2L'_2}{1-\beta}$;$A=\left(\dfrac{19000\beta}{Re_D}\right)^{0.8}$;$Re_D=\dfrac{v_1 D}{\nu_1}=\dfrac{4q_v}{\pi D\nu_1}$,$\nu_1$ 为流体黏性系数。

当采用角接取压方式时,$L_1=L'_2=0$;当采用法兰取压方式时,$L_1=L'_2=\dfrac{25.4}{D}$。一般情况下,$C=0.59\sim0.61$;$\bar{C}=0.60$。

由于流出系数 C 取决于雷诺数 Re_D,Re_D 又取决于 q_v,当流量未知时,Re_D 也未知。因此,C 值必须使用迭代法计算得出。可先假设 C 的初值,由式(4-14)计算得到流量 q_v,进而计算出 Re_D,再使用式(4-17)重新计算出 C 值,一般如此重复计算 $2\sim3$ 次即可。

2)涡街流量计

涡街流量计利用卡门涡街现象测量流体流量,根据斯特劳哈尔实验得知旋涡产生的频率与流体流速成正比,因此测出旋涡频率即可得出体积流量。

当旋涡发生体迎面宽度为 d,管道内径为 D 时,管内发生体两侧的弓形流通面积之和与测量管横截面积之比为

$$m = 1-\frac{2}{\pi}\left[\frac{d}{D}\sqrt{1-\left(\frac{d}{D}\right)^2}+\sin^{-1}\frac{d}{D}\right] \tag{4-18}$$

根据流体连续性原理,管道内流体的平均流速为

$$v = v_1 m \tag{4-19}$$

因此管道内的流量

$$q_v = \frac{\pi D^2}{4}v = \frac{\pi D^2}{4Sr}mdf \tag{4-20}$$

3)涡轮流量计

涡轮流量计是一种典型的速度型流量计,用导磁的不锈钢做成,两端由轴承支承。磁电转换装置多用磁阻式的,它是把磁钢放在感应线圈内,当流体流过流量计时便推动涡轮旋转,当涡轮旋转时,周期性地改变磁电装置的磁阻值,这样,感应线圈磁通量的变化就会感应出脉冲电信号。导流器是将流入变送器的流体在到达涡轮前进行整流,以消除涡流保证仪表精度。

根据涡轮的旋转运动方程可以推出涡轮的转速 n 与被测流体的平均速度成正比,即与被测流量的大小成正比。涡轮旋转后,在感应线圈的两端即感生出电脉冲信号,在一定的流量范围内,该电脉冲频率 f 与流经流量计的流体的体积流量成正比,即

$$q_v = \frac{f}{K} \tag{4-21}$$

式中：f 为检测元件的输出脉冲频率；K 为涡轮流量计的仪表常数，与涡轮流量计结构参数及流动参数有关。通常情况下，一定的涡轮流量计和介质，对应的 K 值由实验标定求得，且表示成与流量的关系曲线，称为涡轮流量计的特性曲线。

3. 实验仪表及设备

本实验分为水气两套实验装置，其组成及实验方法分别简述如下。

1）循环式液体（水）流量计标定实验台

图 4 - 9 为循环式水流量标定的流程。水泵从循环水箱中将水抽出，水从水泵出口分为两路，一路经流量调节阀直接回到循环水箱，这个回路用于标定流量的调节，成为流量调节回路；另一路水依次流经容积流量计、涡街流量计和孔板流量计，最后经过可控的电磁阀决定水回到循环水箱还是计量水箱，这个回路叫标定回路。计量水箱内的水通过手动启动计量水箱内的潜水泵回到循环水箱。计量水箱内接收的水量通过电子秤获得。

通过调节流量调节阀的开度，可改变通过流量计的流量。调节阀关小，标定回路的流量增大。涡街流量计的液晶显示表头显示流量，通过读取差压变送器液晶显示的差压，由式（4 - 14）计算获得孔板流量。所有参数都已经进行数据采集，并实时显示在屏幕上。

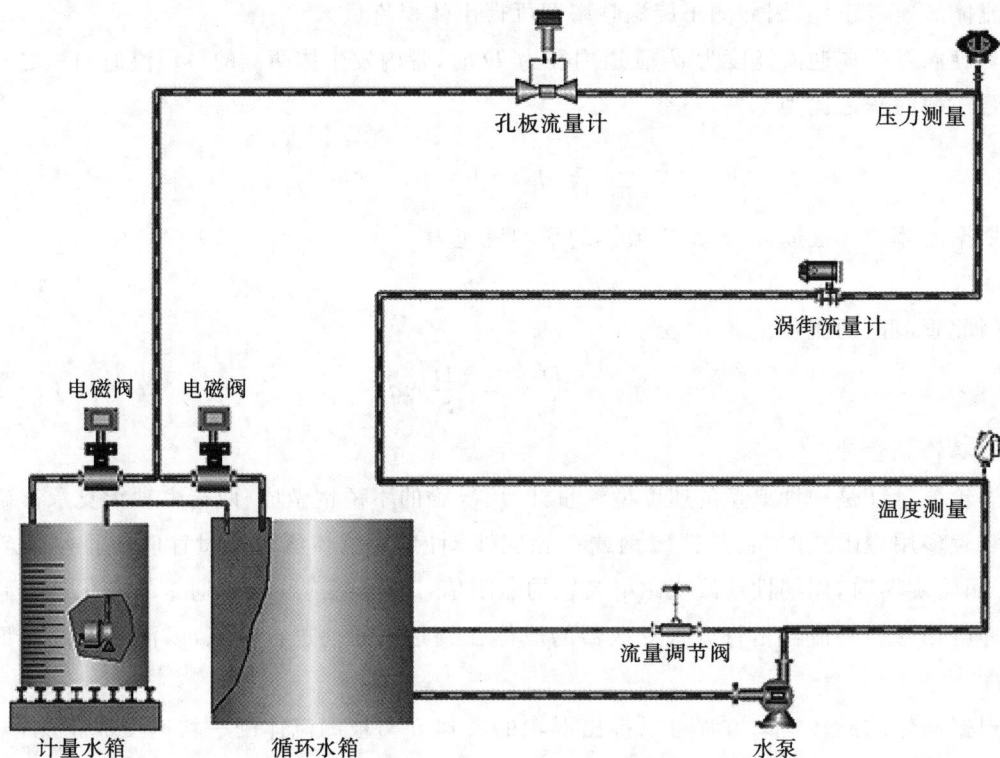

图 4 - 9　循环式液体（水）流量计标定实验流程

循环式液体（水）流量计标定实验台所使用的循环介质为水，实验系统中的主要设备如下。

（1）涡街流量计：通径 DN20；输出信号 4～20 mA，量程 0.0～5.0 m³/h，精度 1.5%。

（2）孔板流量计：设计状态下（20 ℃时），孔板孔径 $d=12.17$ mm，管道内径 $D=19.00$ mm（25×3）；取压方式为法兰取压；管道及孔板材质为 304 不锈钢（膨胀系数：10.0622×10^{-6} mm/mm · ℃）。

（3）温度变送器：用于测量循环水的温度，温度传感器为三线制 PT100 热电阻，输出信号 4～20 mA，量程 0～50 ℃，精度 0.1%。

（4）压力变送器：用于测量孔板流量计入口水的压力，输出信号 4～20 mA，量程 0～200 kPa，精度 0.075%。

（5）差压变送器：用于测量孔板流量计产生的差压，输出信号 4～20 mA，量程 0～120 kPa，精度 0.075%。

（6）电子秤：RS232 接口，称重范围 0～50 kg，精度 0.050 kg。

（7）水泵：670 W，220VAC 供电。

（8）排水潜水泵：35 W，220VAC，流量 1200 L/h。

（9）电磁阀：用于控制称重的水流向，K_v 值为 10，常闭、常开各一只，功耗 8 W，24VDC 供电。

（10）流量调节阀：手动闸阀，DN25。

（11）数据采集与控制系统一套。

2）空气流量计标定实验台

图 4-10 为空气流量标定的实验系统流程。空压机从大气中吸入空气，经过滤器后进入气缸，压缩后经冷干机冷却除水之后进入储气罐，实验用空气通过调节阀进入容积流量计，然后进入涡轮流量计和孔板流量计，最后排放大气。通过流量调节阀可改变流经流量计的气体流量。从涡轮流量计的液晶显示表直接读到流量值，读取流量孔板的差压变送器液晶显示的差压值，然后通过式（4-14）计算获得孔板空气流量。

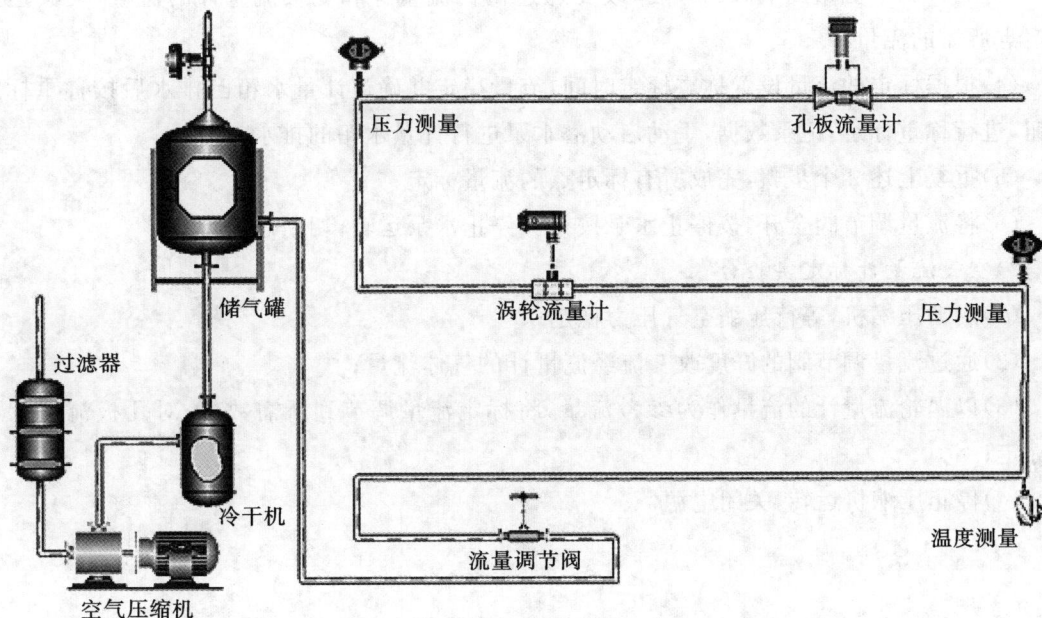

图 4-10 空气流量标定实验流程

空气流量标定实验台所使用的循环介质为空气,实验系统中的主要设备如下:

(1)涡轮流量计:通径 DN40;输出信号 4~20 mA,量程 0.0~50.0 m³/h,精度 1.5%。

(2)孔板流量计:设计状态下,孔板孔径 d=12.07 mm,管道内径 D=19.00 mm(25×3);取压方式为法兰取压;管道及孔板材质为 304 不锈钢(膨胀系数:10.0622×10⁻⁶ mm/mm·℃)。

(3)温度变送器:测量介质空气的温度,温度传感器为三线制 PT100 热电阻,输出信号 4~20 mA,量程 0~50 ℃,精度 0.1%。

(4)孔板入口压力变送器:用于测量孔板流量计入口空气的压力。

(5)表压变送器:输出信号 4~20 mA,量程 0~25 kPa,精度 0.075%。

(6)差压变送器:用于测量孔板流量计产生的差压,输出信号 4~20 mA,量程 0~20 kPa,精度 0.075%。

(7)涡轮流量计入口压力变送器:用于测量涡轮流量计入口的空气压力。

(8)3051CG 表压变送器:输出信号 4~20 mA,量程 0~30 kPa,精度 0.075%。

(9)大气压计:DYM3 型空盒气压表,测量范围 80.0~106.0 kPa,使用温度范围-10.0~40.0 ℃,测量误差经温度、湿度和补充修正后不大于 0.2 kPa,具体的修正方法见 DYM3 型空盒气压表使用说明书。

4. 实验方法及步骤

1)循环式液体(水)流量计标定实验台

(1)将流量调节阀开到最大开度;

(2)开启水泵(按屏幕上的水泵启动按钮);

(3)通过调节流量调节阀的开度,改变通过涡街流量计和孔板流量计的流量,使其达到标定点所需的流量;

(4)根据标定的流量设置称重标定时间,流量稳定并确认计量水箱已排水后按称重标定按钮,进行称重标定,记录数据,手动启动潜水泵进行计量水箱的排水;

(5)重复上述 2 个步骤,完成所有标定点的流量标定;

(6)将流量调节阀全开,按停止水泵按钮。停止水泵运转,切断总电源。

2)空气流量计标定实验台

(1)启动压缩机,等待压缩空气压力稳定;

(2)通过流量调节阀的开度改变流经流量计的气体流量;

(3)以涡轮流量计的流量作为参考流量,将标定流量调节到所需数值,对孔板流量计进行标定;

(4)停止压缩机运转,关闭电源。

5. 实验数据记录及处理

1) 数据记录(见表 4 - 2 和表 4 - 3)

表 4 - 2　液体(水)流量标定数据记录表

标定点 /(m³·h⁻¹)	水温/℃	孔板入口 压力/kPa	孔板 差压/kPa	涡街流量计 /(m³·h⁻¹)	起始 质量/kg	结束 质量/kg	时长/s
2							
3							
4							

注:空盒大气压计读数,大气压＿＿＿＿＿＿＿＿kPa,温度＿＿＿＿＿＿＿＿℃。

表 4 - 3　气体(空气)流量标定数据记录表

标定点 /(m³·h⁻¹)	空气温度 /℃	孔板入口 压力/kPa	孔板差压 /kPa	涡轮入口压力 /kPa	涡轮流量 /(m³·h⁻¹)	备注
20						
30						
40						

注:空盒大气压计读数,大气压＿＿＿＿＿kPa,温度＿＿＿＿＿＿℃。

2) 数据处理

(1)实验室的大气压力表为 DYM3 型空盒气压表,根据提供的校验证书和使用说明书进行修正计算,得到实验室实际的大气压。

(2)使用式(4 - 14)孔板流量计算方法,对空气和水的流量进行计算,并给出计算过程。

(3)以称重的水流量为标准流量,分别给出涡街流量计和孔板流量计的直线标定函数

（$y=ax+b$，y 代表标准流量，x 代表被标定流量计的流量）。

6. 实验注意事项

（1）水泵启动之前，必须检查所有阀门的开和关是否正确；

（2）在调节流量时，阀门的开启必须平稳和缓慢，注意控制流量，调节范围应在仪表的测量范围内；

（3）水泵不能频繁启停，必须间隔 3 min 以上，以免损坏电机。

7. 思考题

根据实验的过程与测试结果，说明流量计标定中存在的问题，并用所学知识进行分析，给出处理办法。

8. 相关资料

本实验空气介质为干空气，近似于理想气体，通过 $PV=RT$ 计算工作点的密度，P 为绝对压力(kPa)，T 为开尔文温度(K)，V 为比容(m^3/kg)，ρ 为密度(kg/m^3)。

给定标态下的参数：$T=293.15$ K，$P=101.325$ kPa，$\rho=1.2046$ kg/m^3。工作点(P，T)密度为 $\rho \times P \times 293.15/(101.325 \times T)$ kg/m^3。

在温度 $T<2000$ K 时，空气黏度可用萨瑟兰公式计算：

$$\frac{\mu}{\mu_0}=\left(\frac{T}{288.15}\right)^{1.5}\frac{288.15+B}{T+B}$$

式中：$\mu_0=1.7894\times10^{-5}$ Pa·s，为 15 ℃时的黏度；B 为与气体种类有关的常数，空气状态下 B 为 110.4 K。

法兰取压时：$L_1=L_2=25.4/D$，D 为管道内径，单位为 mm。

水的物性参数请参考《流体力学》教材或表 4-4。

表 4-4　水物性表

参数	数值							
温度/℃	5	10	15	20	25	30	40	50
密度/(kg·m^{-3})	1000.0	999.7	999.1	998.2	997	995.7	992.2	988.0
黏性系数/(10^{-3}Pa·s)	1.518	1.307	1.139	1.002	0.890	0.798	0.653	0.547

4.2.3　实验三　多参数综合测量实验

1. 实验目的

（1）掌握热工参数测量信号处理的基本方法、变送器的基本工作原理；

（2）熟悉不同信号传输方式的特点，A/D、D/A 的原理与功能；

（3）了解数据采集系统的基本结构形式和工作原理。

2. 实验原理

1）测量传感器的信号输出与传输

温度传感器：三线制 PT100 热电阻，输出信号为电阻。传输要求：三根连接线的物理特性（材质、粗细、长短等）完全一致。

电容式压力（差压）传感器：电容传感器，压力变化引起电容的变化；输出信号为电容，因为电容的变化极小，易受到连接电缆、环境的影响和干扰，传感器和变送器成为一体是最佳解决方案。

单晶硅（扩散硅）原理压力传感器：电阻传感器，压力变化引起电阻的变化，也叫压阻类压力传感器；输出信号为电阻；因为电阻信号易受到环境温度变化的影响和电气信号的干扰，压阻容随时间产生漂移，传感器内集成温度测量，用温度来补偿修正压力测量，因此传感器和变送器成为一体是最佳解决方案。

孔板流量传感器：孔板流量计产生差压信号，需要使用差压变送器进行测量。

涡街流量传感器：根据卡门涡街理论，以压电晶体或差动电容作为检测部件而制成的一种速度式流量传感器；输出信号为电阻、电容或脉冲；输出信号为电阻或电容，易受到环境的影响和干扰，并且与流体特性有关，需要出厂标定才能使用，因此传感器和变送器制成一体的流量变送器或仪表。

涡轮流量传感器：流体的流动带动涡轮旋转，涡轮的旋转速度代表了流体的速度，输出信号为脉冲输出；相同流速下不同流体产生的速度不同，需要出厂标定方可使用，改变流体需要重新标定，因此传感器和变送器制成一体的流量变送器或仪表。

传感器的输出信号有电压、电阻、电容、脉冲（或频率）等。

2）变送器的工作原理

将测量物理量传感器的模拟输出信号转换成可传输的直流电信号的设备称为变送器。变送器的构成如图 4-11 所示，变送器的传统输出直流电信号有 0～5 V、0～10 V、1～5 V、0～20 mA、4～20 mA 等，目前工业上广泛采用 4～20 mA 电流来传输模拟量。

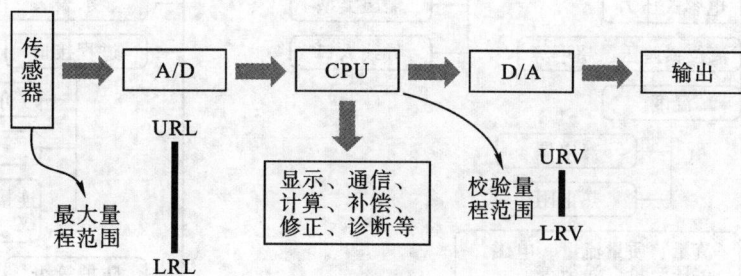

图 4-11　智能变送器的构成

电流信号不容易受干扰。由于电流源内阻无穷大，导线电阻串联在回路中不影响精度，在普通双绞线上可以传输数百米。上限取 20 mA 是因为防爆的要求：20 mA 的电流通断引起的火花能量不足以引燃瓦斯。下限没有取 0 mA 是为了检测断线:正常工作时不会低于 4 mA,当传输线因故障断路,环路电流降为 0 mA。常取 2 mA 作为断线报警值。

电流型变送器将物理量转换成 4~20 mA 电流输出,必然要有外电源为其供电。最典型的是变送器需要两根电源线,加上两根电流输出线,总共要接 4 根线,称为四线制变送器。当然,电流输出可以与电源公用一根线,可节省一根线,称为三线制变送器。4~20 mA 电流本身就可以为变送器供电,变送器在电路中相当于一个特殊的负载,特殊之处在于变送器的耗电电流在 4~20 mA 根据传感器输出而变化。显示仪表只需要串在电路中即可,这样变送器只需外接 2 根线,称为两线制变送器,其连接方法如图 4-12 所示。

工业电流环标准下限为 4 mA,因此只要在量程范围内,变送器至少有 4 mA 供电,这使得两线制传感器的设计成为可能。在工业应用中,测量点一般在现场,而显示设备或者控制设备一般都在控制室或控制柜上,两者之间距离可能数十至数百米,省去 2 根导线意味着成本降低,因此在实际使用中两线制传感器得到越来越多的应用,如图 4-13 所示。

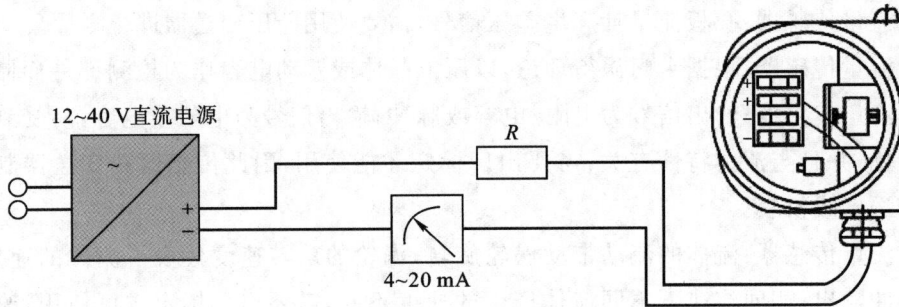

图 4-12　4~20 mA 两线制变送器的连接

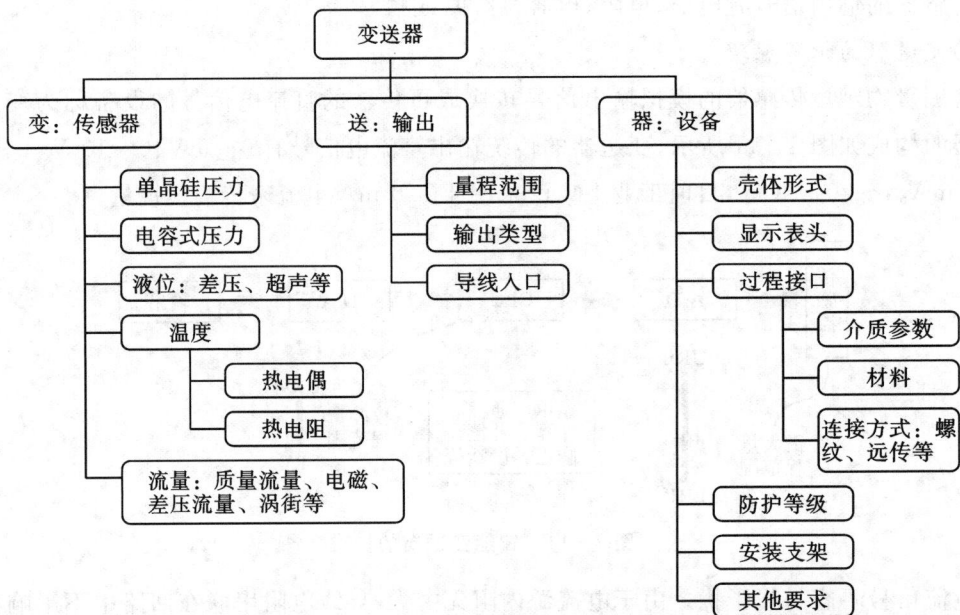

图 4-13　变送器的应用

3）数据采集系统

数据采集是指从传感器和其他待测设备的模拟和数字被测单元中自动采集非电量或者电量信号,送到上位机中进行分析、处理。数据采集系统基于计算机或者其他专用测试平台的测量软硬件产品来实现灵活的用户自定义测量系统。

3. 实验仪表及设备

有关实验系统及设备的详细内容请参阅流量计标定实验部分,水和空气流量标定实验台上都安装了温度、压力、流量的测量传感器和变送器,在水的流量标定部分还装有带 RS232 通信功能的称重传感器和设备,传感器与数据采集卡连接方式如图 4-14 所示。

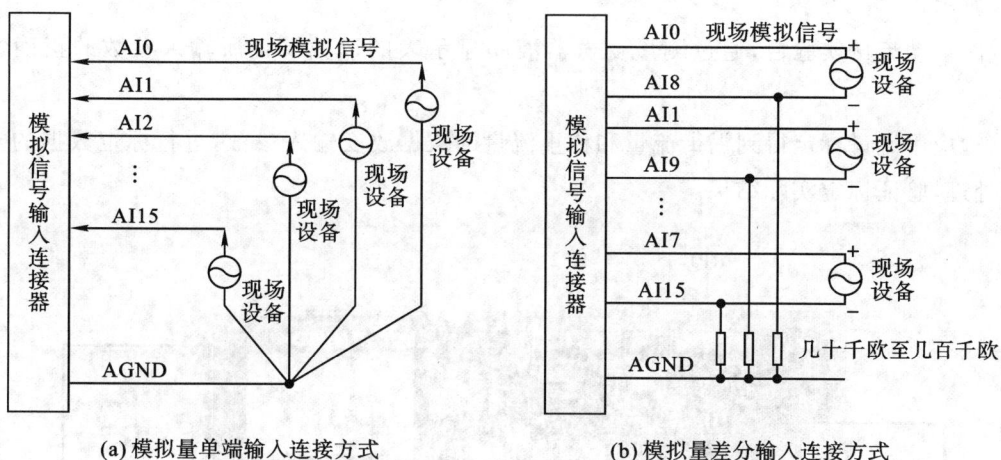

(a) 模拟量单端输入连接方式　　　　(b) 模拟量差分输入连接方式

图 4-14　模拟量信号的连接

实验台数据采集硬件配置如图 4-15 所示,包括计算机、数据采集卡、信号转换器和各种变送器。

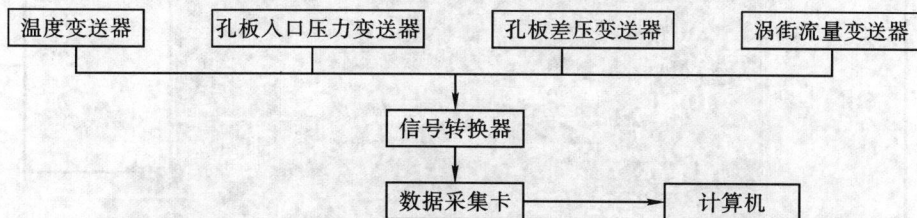

图 4-15　数据采集系统结构图

计算机采用一体化嵌入计算机,电容式触摸屏,Win7 操作系统。数据采集卡采用 USB5935 数据采集卡,与计算机通过 USB 接口连接。采用 16 路单端输入接线方式,信号输入范围 −2.5～2.5 V,12 位 AD、6 路 DI、6 路 DO、1 路计数器,如图 4-16 所示。信号转换器通过 100 Ω 精密电阻将两线制测量仪表的 4～20 mA 电流输出信号转换为 0.4～2.0 V 的电压信号,然后再送到数据采集卡;数字量输出配置 4 路继电器驱动隔离板,用于控制水泵和电磁阀。变送器及电磁阀工作电源采用 24VDC 直流电源（2 台）。

数据采集卡中，P2、P4 为模拟量输入连接器，P1、P3 为数字量输入输出、计数器输入输出连接器，RP1、RP2 为模拟量输入调整电位器。

4.实验方法及步骤

通过测量传感器，实验台使用变送器将信号变换为标准 4～20 mA 输出，使用 100 Ω 精密（精度为 0.02％）电阻将电流信号变换为 0.4～2.0 V，经过 USB5935 数据采集的 12 位 AD 转换得到信号的读数，应用计算完成测量信号的工程变换处理。

（1）根据流量标定实验和本实验所给数据，手工输入所有相关参数，参数输入界面如图 4-17 所示；

（2）启动流量实验台，通过测量变送器液晶显示表的读数验证所输入参数的正确性并修正；

（3）应用流量标定得到涡街流量和称重流量的数据改变输入参数，进行标定数据的实际应用处理，验证标定实际结果。

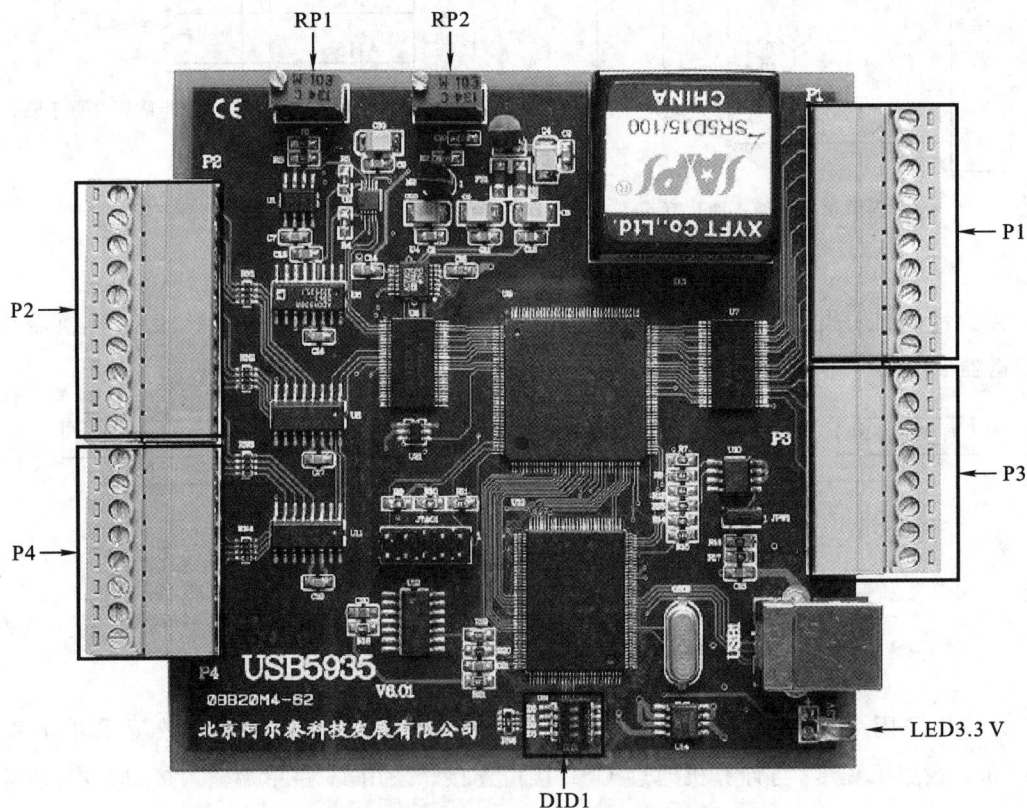

图 4-16　USB 接口数据采集卡 USB5935

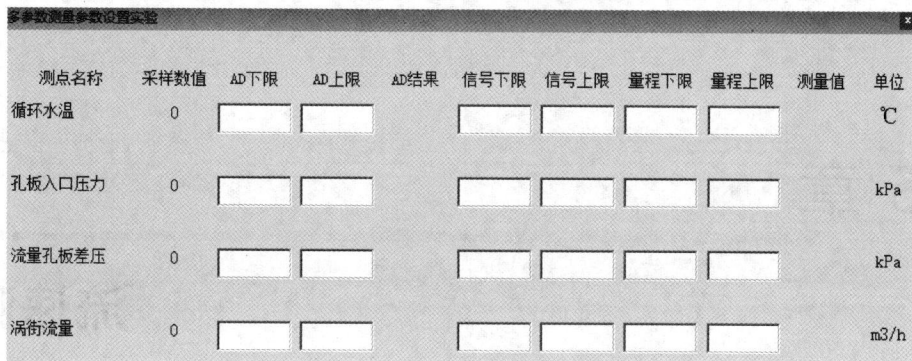

图 4 - 17　手工输入数据采集计算的原始数据

5. 实验数据记录及处理(见表 4 - 5)

表 4 - 5　设置参数记录表

变送器类型	信号上限	信号下限	量程上限	量程下限
温度变送器				
孔板入口压力变送器				
孔板差压变送器				
涡街流量变送器				

数据采集卡,AD 上限＿＿＿＿＿＿＿＿,AD 下限＿＿＿＿＿＿＿＿。

6. 实验注意事项

(1)水泵或压缩机启动之前,必须检查所有阀门的开和关是否正确;

(2)在调节流量时,阀门的开启必须平稳和缓慢;

(3)水泵和压缩机不能频繁启停,必须间隔 3 min 以上,以免损坏电机。

7. 思考题

(1)实验台数据采集系统是否存在不完善或不合理的问题?请分析并给出改正意见或建议。

(2)流量标定所得数据如何在实验系统中应用?举例说明。

第5章

流速测量

5.1　流速测量方法

流动速度是描述流动现象的主要参数,研究流场,首先就是研究速度场。流动速度是涉及多门学科技术领域的一个参量。因此流速测量是研究流动现象必不可少的一项内容,也是极为重要的一项内容。

流速的测量简单分为稳态测量和动态测量。稳态测量主要针对平稳流场进行,得到的是平均速度,而动态测量得到的是瞬时速度。常用的流速测量仪表主要有各种测压管、热线风速仪及激光多普勒测速仪等,这三种仪器代表了三种不同的测速原理。测压管是建立在一维管道流理论上的,是通过测量压力来测量流速的。热线风速仪是建立在热交换基础上的,是通过测量散热量来测量流速的。激光多普勒测速仪则是建立在激光多普勒频移原理基础上的,是通过测量频率来测量流速的。

5.1.1　毕托管

目前使用最多的还是空气动力测压法,典型代表仪器就是毕托管,毕托管是利用气流速度和压力的关系测量速度的。伯努利方程给出了气流速率和气流其他状态参数的关系。当流体为不可压缩流体时:

$$\frac{v_1^2}{2} + \frac{P_1}{\rho} = \frac{v_2^2}{2} + \frac{P_2}{\rho} = 常数 \qquad (5-1)$$

式中:v_1、P_1,v_2、P_2分别是两个截面上流体的流速和静压力,则

$$P_0 = \frac{\rho}{2}v^2 + P_s$$

$$v = \sqrt{\frac{2}{\rho}(P_0 - P_s)} \qquad (5-2)$$

式中:P_s为静压。式(5-2)为毕托管测速的理论公式,反映了毕托管测速的实质是将流速转变为差压,通过测得差压进而得到流速。

在毕托管头部的顶端,正对来流方向开有一个小孔 M,小孔平面与流体流动的方向垂

直,通常称为总压孔。在毕托管头部靠下游的位置,环绕管壁的侧面开了多个小孔 N,流体流动方向与这些小孔的孔面相切,通常称为静压孔。毕托管工作原理如图 5-1 所示。在毕托管设计中,除了要考虑静压孔的位置外,静压孔的孔数、形状,毕托管的头部形状,总压孔的大小,探头与立杆的连接方式等,都会影响毕托管的测量结果。

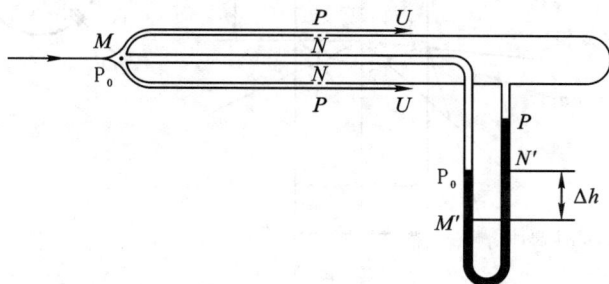

图 5-1　毕托管工作原理图

5.1.2　复合测压管

流速是矢量,不仅有大小还有方向。上述内容介绍了流速大小的测量方法,流动方向是通过测量流速在不同方向的变化得到的,通过测压管得到不同方向的压力来反映速度的变化。在平面流场的测量中,通常采用二元复合测压管测量流体的总压、静压和流速的大小、方向。

以三孔测压管为例简述测压原理。三孔探针通常是在一根细长的管状体上等间距地开设三个小孔,这三个小孔分别作为压力取样点,当探针置于流动流体中时,各孔受到的动态压力会因流体流速的不同而有所差异。如图 5-2 所示,由三孔圆心组成的三角形,两侧孔为方向孔,中间孔为总压孔,总压孔的圆心在方向孔与总压孔的角平分线上。把三孔测压管垂直插入均匀平行的气流中,三孔都迎着气流方向,调整方向孔 1 和 3 的压力,当孔 1 和孔 3 的压力相等时,在三个孔决定的平面内,过测压管截面的圆心和气流方向平行的方向,就是测压管的气动轴线。

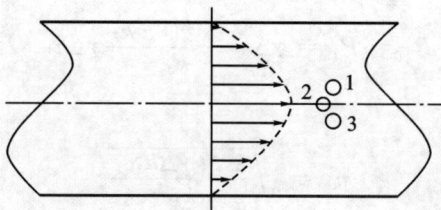

图 5-2　管道内轴线与气流方向一致的图示

圆柱三孔复合测压管结构如图 5-3 所示,在一个圆柱体上沿径向钻三个小孔,中间孔 2 为总压孔,其压力由圆柱体的内腔引出,两侧的孔 1、3 为方向孔,其压力由焊接在孔上的针管引出。这种测压管结构简单,制造容易,应用广泛。

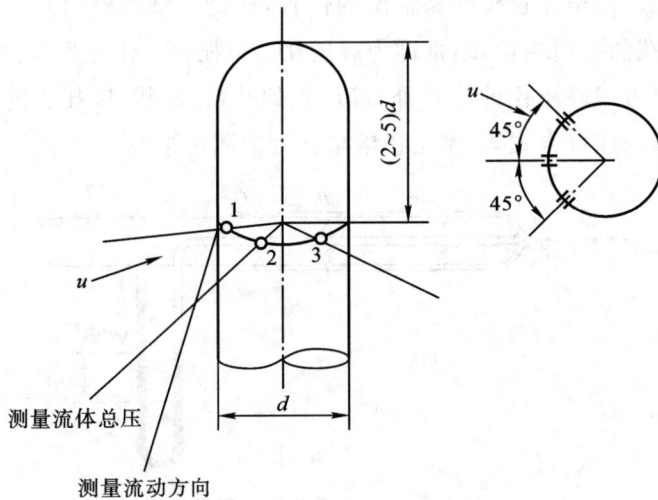

图 5-3　圆柱三孔测压探针

三孔探针可采用对向测量和非对向测量,非对向测量的方法不要求必须正对来流方向,这点优于毕托管。对向测量时,三孔压力值为

$$P_2 = P_\infty + k_2 \frac{1}{2}\rho v_\infty^2 \qquad (5-3)$$

$$P_1 = P_3 = P_\infty + k_1 \frac{1}{2}\rho v_\infty^2 \qquad (5-4)$$

式中:k_2 为中心孔 2 的动压感受系数,由校准确定;k_1 为测孔 1、3 的动压感受系数,由校准确定。测量 P_2 和 $P_2 - P_1$:

$$P_2 - P_a = \gamma \Delta h_2 \qquad (5-5)$$

$$P_2 - P_1 = \gamma \Delta h_{2-1} \qquad (5-6)$$

气流的静压:

$$P_\infty - P_a = \gamma \Delta h_2 - \frac{k_2}{k_2 - k_1} \gamma \Delta h_{2-1} \qquad (5-7)$$

气流的总压:

$$P_0 = P_2 = \gamma \Delta h_2 + \frac{1 - k_2}{k_2 - k_1} \gamma \Delta h_{2-1} \qquad (5-8)$$

气流的速度:

$$v_\infty = \sqrt{\frac{2}{\rho} \cdot \frac{\gamma \Delta h_{2-1}}{k_2 - k_1}} \qquad (5-9)$$

式中:P_a 为大气压;γ 为压力计指示液重度;ρ 为气体的密度。

对于三维流场流速测量,此时需采用五孔探针,其结构如图 5-4 所示。

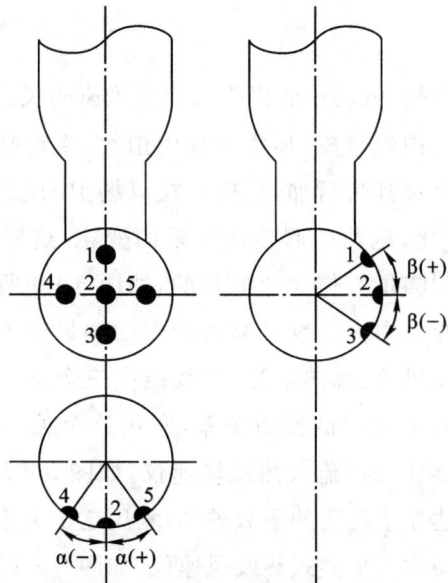

图 5 - 4　五孔探针结构示意图

五孔探针的测量原理基于流体动力学基本方程,使用时先通过中心孔测量总压,并通过边缘孔测量静压。然后利用测得的总压和静压数据,使用流体动力学的公式计算出流体的速度和压力。使用五孔探针测量气流速度和压力,其使用方法有三种。第一种是全对向测量,测量时靠坐标器转动,使探针中间的孔完全对准气流方向,使探针 1、3 孔压力相等,且探针 4、5 孔压力相等;第二种是非对向测量,将探针固定在坐标架上,测量过程中探针不转动,根据五个孔测出的压力,从校准曲线求出气流各参数;第三种是半对向测量方法,探针固定在坐标器上,但坐标架(即探针)可以绕坐标器轴转动。测量时,转动坐标架(即探针),使探针 4、5 孔压力相等,这样气流速度矢量就位于 1、2、3 孔平面内,可以根据探针转过的角度得到 α 角。常用的五孔探针结构有球形及棱锥形,其结构示意图如图 5 - 5 所示。

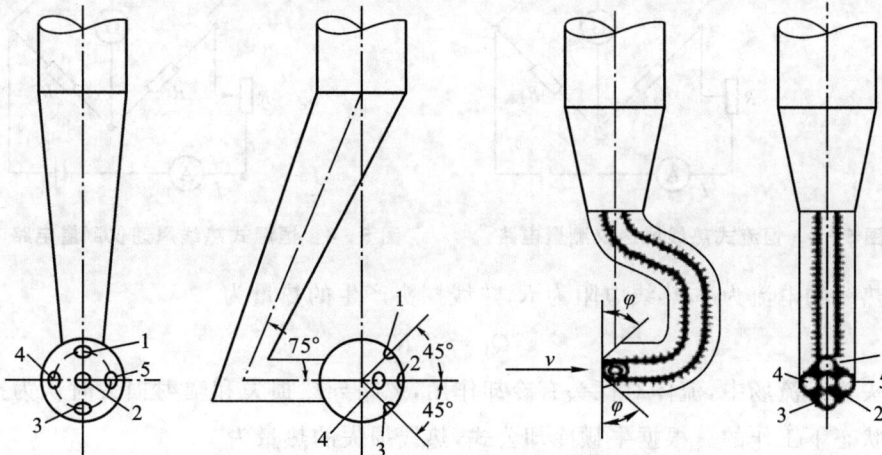

图 5 - 5　球形及棱锥形五孔针结构示意图

5.1.3 热线风速仪

热线风速仪就是利用放置在流场中的探头来测量风速的仪器。探头有热丝和热膜两种不同类型。热丝大都用钨丝、铂丝制成,热膜大都用铂丝、铬丝制成。将热线风速仪当作一个桥臂接入平衡电桥,用电流对其进行加热,探头在流场中的散热量与流速的大小有关,此散热量使得探头温度发生变化,进而引起热线电阻的变化,这样就把流速信号转变成电信号,通过测量电信号从而达到测量气体流速的目的,如图5-6所示。热线风速仪是建立在热平衡原理上的,任何时候探头中由温度升高所产生的热量应该等于风速上升所耗散掉的热量。在热平衡过程中,涉及风速、加热电流、热线温度三个基本量。当加热电流保持恒定时,热线温度和风速之间建立了确定的函数关系,利用这个关系测量风速的方法称为恒流法,利用这个原理构成的仪器称为恒流式热线风速仪,如图5-7所示。当热线温度保持恒定时,加热电流和风速之间建立了确定的函数关系,利用这个关系测量风速的方法称为恒温法,利用这个原理构成的仪器称为恒温式热线风速仪,如图5-8所示。

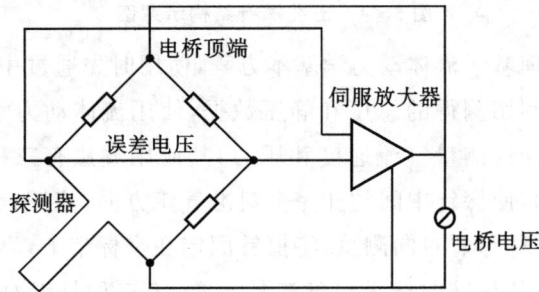

图5-6 热线风速仪工作原理

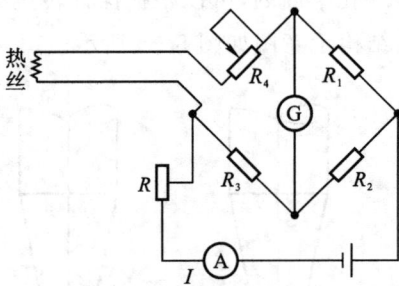

图5-7 恒流式热线风速仪测量电路   图5-8 恒温式热线风速仪测量电路

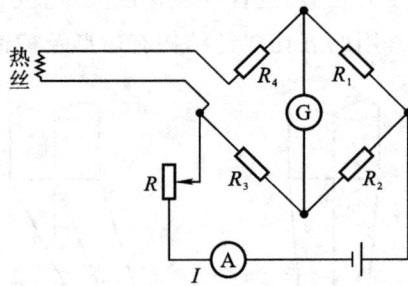

流过热线的电流为I,热线电阻为R,热线探头产生的热量为

$$Q_1 = I^2 R \tag{5-10}$$

当探头置于流场中,流体对探头有冷却作用,忽略导热损失和辐射损失时认为探头是在对流换热状态下工作的。根据牛顿冷却公式,热线损失的热量为

$$Q_2 = hF(t_w - t_f) \tag{5-11}$$

式中:h 为热线的表面传热系数;F 为热线的换热表面积;t_w 为热线温度;t_f 为流体温度。当热平衡时 $Q_1 = Q_2$,可得到热线的能量守恒方程,即

$$I^2 R = hF(t_w - t_f) \tag{5-12}$$

当流体温度一定时,流体的速度只是电流和热线温度的函数。

5.1.4 激光多普勒测速仪

多普勒效应的主要内容是物体辐射的波长因波源和观测者的相对运动而产生变化。在运动的波源前面,波被压缩,波长变得较短,频率变得较高(蓝移)。在运动的波源后面,会产生相反的效应,波长变得较长,频率变得较低(红移);波源的速度越高,所产生的效应越大。根据波红(或蓝)移的程度,可以计算出波源循着观测方向运动的速度。

激光多普勒测速仪(Laser Doppler Velocimeter,LDV)是利用激光多普勒效应来测量流体或固体运动速度的一种仪器,是一种典型的非接触式测量方法。由于流体分子的散射光很弱,为了得到足够的光强,必须在流体中散播适当尺寸和浓度的微粒子作为示踪粒子。一台激光多普勒测速仪通常由以下几部分构成:

1. 激光器

单色相干光的光源,为了满足长时间测量的需求,一般都采用连续气体激光。

2. 入射单元

它的作用是将激光束按照一定的要求分成多束相互平行的照射光束,通过聚焦镜会聚到测点。图 5-9 表示了一种典型的一维双光束单元。

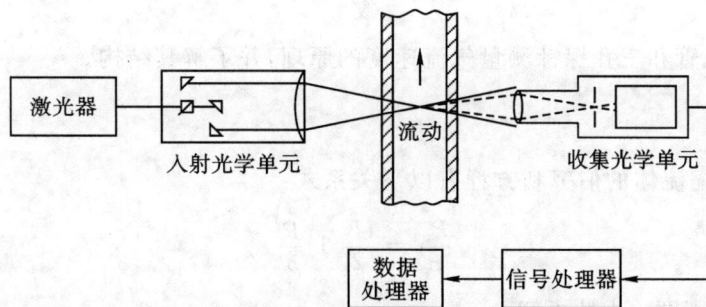

图 5-9 激光测速系统

只要确定两束入射光交角的半角 κ,就能从多普勒频移频率 f_D 确定光束平面内垂直于交角平分线方向的速度 U_Y,它们之间具有以下关系:

$$f_D = \frac{2\sin\kappa}{\lambda} U_Y \tag{5-13}$$

式中:λ 为激光波长。

3.接收光学单元

收集运动微粒通过测量体时向四周发出的散射光,经过光学外差和光电转换过程得到多普勒的光电信号流。

4.多普勒信号处理器

光电检测输出信号既有幅值和频率调制,又有宽频噪音的信号。速度所对应的频率就包含在其中,去除噪音信号,提取多普勒频移信号,就是信号处理器的主要任务。

5.数据处理系统

大多数信号处理器的任务是将多普勒频率量转换成与其成比例的模拟量或数字量,然后再用模拟式仪表或数字数据处理系统进行二次处理,得到各种流动参数。

由上所述可以看出激光多普勒测速仪的主要优点是非接触式、具有不干扰流场的流线、测速范围广、测量精度高、动态响应快。

5.2 流速测量实验

5.2.1 实验一 毕托管测速实验

1.实验目的

(1)掌握利用空气动力探针测量风管内气流速度的方法,以及相关仪器仪表的使用方法;

(2)掌握毕托管和三孔探针测量气流速度的原理,并了解其结构。

2.实验原理

理想不可压缩流体的伯努利方程有以下关系式:

$$\frac{P_0}{\rho} = \frac{U^2}{2} + \frac{P}{\rho} \tag{5-14}$$

式中:ρ 为流体的密度。由此可知:

$$U = \sqrt{\frac{2(P_0 - P)}{\rho}} \tag{5-15}$$

液体密度比较容易测量,对于气体而言就不容易直接测量了,通常采用间接测量的方式。以空气为例,对于完全气体状态方程:

$$P = R\rho T \tag{5-16}$$

式中:R 为气体常数,$T = 273 + t$ ℃为绝对温度。当气体从某一状态 P_0、ρ_0、T_0 变化到另一个状态 P、ρ、T 时,则由 $P_0 = R\rho_0 T_0$ 和 $P = R\rho T$ 可得

$$\frac{\rho_0}{\rho} = \frac{P_0}{P} \times \frac{T}{T_0} \qquad (5-17)$$

如果被测的气体是空气,就可以取标准大气为已知状态代入即可,通过测量空气温度估算得到空气密度进而计算得到空气流速。

三孔探针是一种用于测量气流速度的常见装置,它基于动量方程和差压原理。动量方程:根据动量守恒原理,在稳态条件下,气流在孔洞周围形成的压力分布与气流速度相关。通过探针上的三个孔洞,可以测量气流在不同位置的静压,并据此推导出气流速度。差压原理:通过测量孔洞之间的静压差,可以计算出气流速度。三孔探针的孔洞通常分为一个总压孔和两个静压孔。总压孔面向气流流动方向,用于测量气流总压(包括动压和静压),而两个静压孔则测量气流的静压。

测速公式:根据差压原理,可以使用以下公式计算气流速度 U:

$$U = k\sqrt{\frac{P_1 - P_2}{\rho}} \qquad (5-18)$$

式中:P_1 和 P_2 分别为两个静压孔测量的静压差;ρ 为气体的密度;k 为探针的校准系数,用于将压力差转换为速度。

3. 实验仪表及设备

实验台由风机、实验管路及测量装置组成,如图 5-10 所示。实验管路上设有整流栅,用来均匀流场,使得进入实验段的气流流速分布均匀。管路上装有流量调节阀,用来调整流量改变实验工况。测量装置主要是毕托管和三孔探针。本实验使用的主要仪表包括 U 形压力计、大气压力计、温湿度计。毕托管和三孔探针与压力计的连接方法分别如图 5-11、图 5-12 所示。

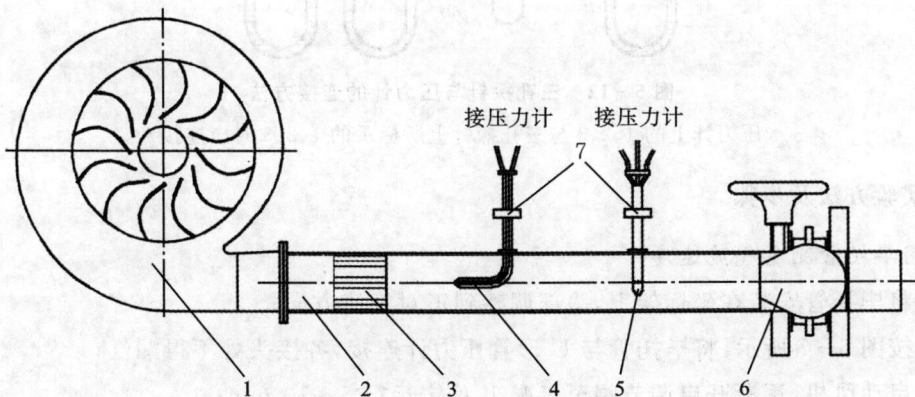

1—风机;2—实验风管;3—整流栅;4—毕托管;5—三孔探针;6—流量调节阀;7—坐标架。

图 5-10　气流速度测量装置简图

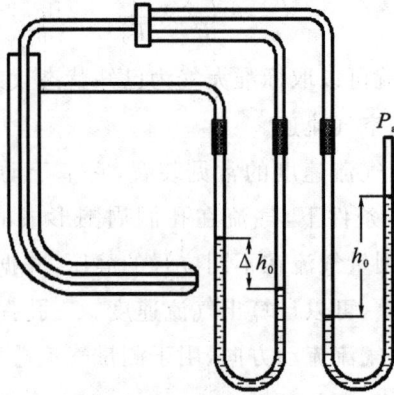

图 5 - 11　毕托管与压力计连接方法

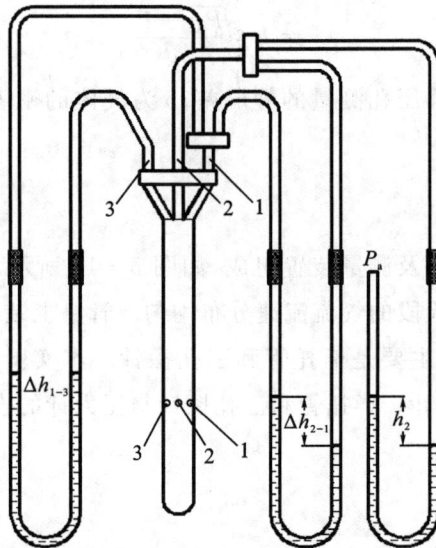

图 5 - 12　三孔探针与压力计的连接方法

（压力计上的 1、2、3 与三孔探针上所标示的 1、2、3 对应连接）

4. 实验方法及步骤

1）用毕托管测量气流速度

（1）将毕托管安装在坐标架上，头部调整到正对气流方向；

（2）按图 5 - 7 所示，将毕托管与 U 形管压力计连接，各接头处不得漏气；

（3）启动风机，逐渐开启调节阀至工况 1，稳定运行 5～10 min；

（4）转动毕托管，使 h_0 为最大值，将毕托管固定；

（5）记录实验数据（见表 5 - 1）；

表 5-1 毕托管测速实验数据记录表

名称	工况点							
	1	2	3	4	5	6	7	8
中孔与大气压差 h_0/Pa								
中孔与侧孔压差 Δh_0/Pa								
大气压 P_a/Pa								
环境温度 t/℃								

(6)适当关闭阀门,改变工况,稳定运行 5~10 min,重复(4)、(5)步骤;

(7)依次调整实验 8 个工况,记录相应数据;

(8)实验数据处理(见表 5-2);

(9)做气流速度 u(m/s)与压差 Δh_0(Pa)的曲线图。

表 5-2 毕托管测速数据处理结果

名称	工况点							
	1	2	3	4	5	6	7	8
气流静压 $P_s = p_a + (h_0 - \Delta h_0)$/Pa								
气流密度 ρ/(kg·m^{-3})								
气流动压 $P_d = k_u \times \Delta h_0$/Pa								
气流速度 u/(m·s^{-1})								
气流总压 P/Pa								

2)用三孔探针测量气流速度

(1)将探针安装在坐标架上,测量孔正对气流的来流方向;

(2)按图 5-8 所示,将探针与 U 形管压力计连接,接头处不得漏气;

(3)启动风机,逐渐开启阀门至工况 1,稳定运行 5~10 min;

(4)转动探针,使 $\Delta h_{1-3} = 0$,即中孔对准气流方向;

(5)记录实验数据(见表 5-3);

表 5-3 三孔探针测速实验数据记录表

名称	工况点							
	1	2	3	4	5	6	7	8
中孔 2 与侧孔 1 压差 Δh_{2-1}/Pa								
中孔 2 与大气压差 h_2/Pa								
大气压 P_a/Pa								
环境温度 t/℃								

(6) 适当关闭阀门，改变工况，稳定运行 5~10 min，重复 (4)、(5) 步骤；

(7) 依次调整实验 8 个工况，记录相应数据；

(8) 实验数据处理（见表 5-4）；

(9) 做气流速度 u(m/s) 与压差 Δh_{2-1}(Pa) 的曲线图。

表 5-4 三孔探针测速数据处理结果

名称	工况点							
	1	2	3	4	5	6	7	8
气流静压 $P_s = P_a + h_2 - \dfrac{k_0}{k_0 - k_1} \Delta h_{2-1}$ /Pa								
气流密度 ρ/(kg·m^{-3})								
气流动压 $P_d = \dfrac{1}{k_0 - k_1} \Delta h_{2-1}$/Pa								
气流速度 u/(m·s^{-1})								
气流总压 P/Pa								

注：表中 R 为气体常数，空气 $R = 287$ J/(kg·K)；k_u 为毕托管校正系数；k_0，$k_0 - k_1$ 为三孔探针校正系数。

5. 实验数据记录及处理

(1) 按要求对实验数据进行处理，毕托管的数据处理见表 5-2，三孔探针的数据处理见表 5-4；

(2) 做出毕托管的气流速度 u(m/s) 与压差 Δh_0(Pa) 的测量曲线图；

(3) 做出三孔探针的气流速度 u(m/s) 与压差 Δh_{2-1}(Pa) 的测量曲线图；

(4) 对实验结果和测量误差进行分析。

6. 实验报告要求

(1)实验报告内容应包括实验目的、实验设备、实验原理、实验数据曲线等;

(2)分析实验数据,并回答思考题。

7. 思考题

(1)什么是气流总压和气流静压? 它们之间有什么关系?

(2)毕托管和三孔探针各有何优缺点?

(3)影响气流速度测量精度的因素有哪些?

(4)实验体会:实验中遇到了哪些问题? 是如何解决的?

5.2.2　实验二　热线风速仪测速实验

1. 实验目的

(1)掌握热线风速仪的测量原理;

(2)学习热线风速仪的标定方法;

(3)利用热线风速仪对平板湍流边界层进行测量。

2. 实验原理

根据热平衡理论,在忽略热辐射部分的前提下,热丝置于流场中产生的热量应该与其耗散的热量相等,即

$$Q_t = \alpha S(T_w - T_f) \tag{5-19}$$

式中:Q_t 为热丝被带走的热量;α 为对流换热系数;S 为热线与流体接触面积;T_w 为热线的表面温度;T_f 为流体的温度。根据热平衡原理,当热线置于介质(流场)中并通以电流时,热线中产生的热量应与耗散的热量相等。换言之,在热线没有其他形式的热交换条件下,加热电流在热线中产生的热量应等于热线与周围介质的热交换。根据金(King)公式($Nu = A + BRe^{0.5}$),可以近似得到换热表面的 Nu 与 Re 之间的关系,也就是说,只要知道换热系数,就可以得到通过热线处流速的大小和方向。电流通过热线产生的热量为

$$Q_电 = I_w^2 R_w \tag{5-20}$$

式中:I_w 为电流;R_w 为电阻。于是可以得到

$$I_w^2 R_w = \alpha S(T_w - T_f) \tag{5-21}$$

恒温热线测速仪一般被用于紊流气体和液体流动中精细结构的测量,其测量原理是基于流体对加热体的冷却效应。热线金属丝(R)被连接在惠斯通电桥的一边,并由电流加热。当流体流过热线金属丝时,金属丝被冷却,其电阻随之发生变化,此时由一个伺服放大器通过控制传感器的电流保持电桥平衡,从而保持热线金属丝的温度不变,因此惠斯通电桥的电压(E)代表了热交换,从而实现了对流动速度的直接测量,热线风速仪电路图如图 5-13 所

示。传感器(热丝)的低热惯性和伺服传感器的高增益的结合,使得CTA系统能够快速在一点上测量速度,从而捕捉流动中的波动,并提供连续的速度时间序列,使我们可以在振幅域和时间域对数据进行处理分析,如平均速度、紊流强度。

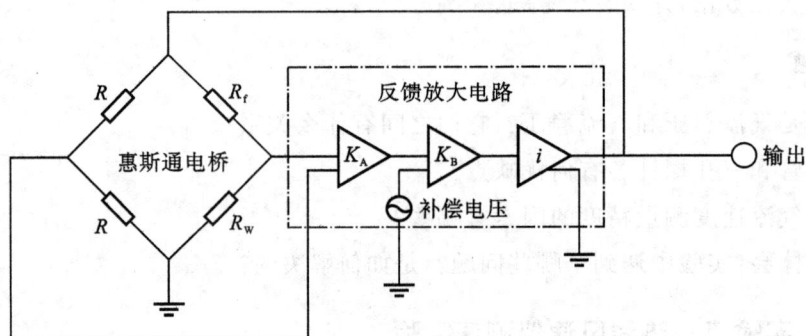

图5-13 热线风速仪电路图

热线测速静态校准表达式为

$$e^2 = A + B\sqrt{v} \tag{5-22}$$

式中:e为热线探头电压值;v为实验风速;A、B为系数。将表5-6采集的风速与热线电压数据代入式(5-22),计算可得到热线电压与风洞流速多项式。

3. 实验仪表及设备

1)实验仪表

热线风速仪所使用的探针有许多选择,热线探头根据不同用途可分为单丝、双丝(见图5-14)、三丝、斜丝及V形、X形探头等。单丝探头具有尺寸小、空间分辨率高、容易修复等特点。X形探头可以测量二维流场,但是双热线会影响测量精度。本实验是在风洞中开展的,其流场品质较高,考虑到实验的精度要求,故采用单丝探头作为测量元件。

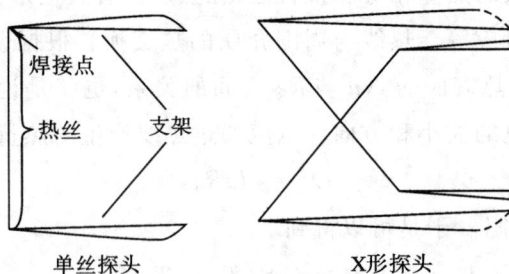

图5-14 热线探头

热线风速仪校准实验采用1210型标准直线探头,选择5 μm的钨丝作为热丝材料。

2)实验设备

实验段应满足以下条件:风速传感器的迎风面积与风洞工作段截面积之比不大于0.02,工作段内气流的稳定度(1 min)应优于0.5%,工作段内气流的湍流度应优于0.5%,风速在

0.10～35 m/s范围内连续可调。风洞均严密无漏气现象。本实验在低湍流度小型直流式风洞中开展，该风洞分为扩散段、稳定段、实验段和收缩段。风洞总长为9.7 m，实验段尺寸为2000 mm×300 mm×500 mm，收缩比为4，入口段安装有对边距离20 mm、长50 mm的正六边形蜂窝器和5层24目/寸阻尼网，风洞4个拐角分别安装8片导流片。风洞动力段风扇直径为0.8 m，由8个叶片组成，用12 kW的可变频调速电机驱动，电机的额定转速为986 r/min，设计风速范围为5～25 m/s。风洞的整体结构如图5-15所示。

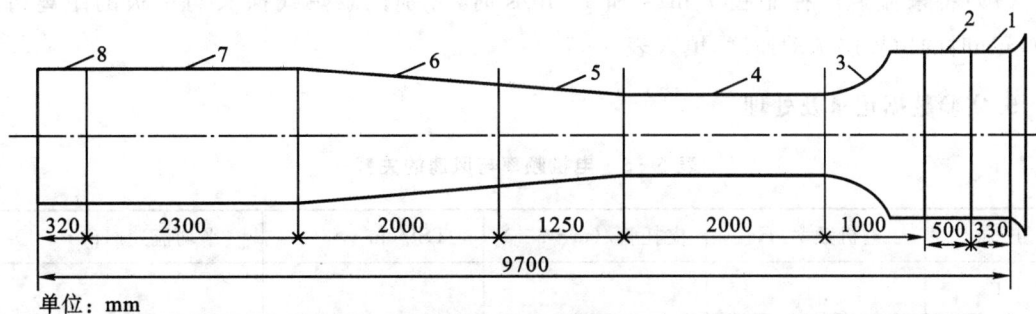

1—进风口；2—整流段；3—收缩段；4—实验段；5—方圆收缩段；6—扩散段；7—动力段；8—出风口。

图 5 - 15　风洞结构图

测点与平板前端距离$l=0.95$ m。平板实验选择来流风速$v=7$ m/s以及$v=12$ m/s作为实验工况，两种工况流动状态均为湍流，在平板前方加装铜棒，使层流流动提前转捩。如图5-16所示，开展平板实验时，在距平板前端位置0.95 m处垂直移动热线探头，测量距平板不同法向位置的速度。

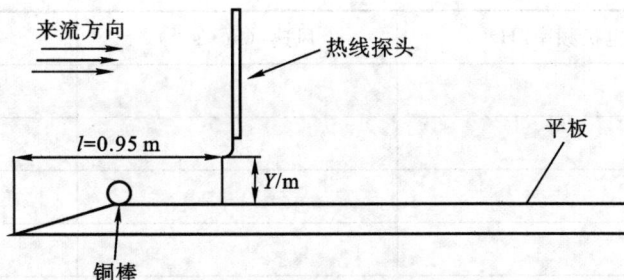

图 5 - 16　平板示意图

4. 实验方法及步骤

(1)校正平板模型与气流平行；

(2)调节变频器的频率；

(3)启动风洞；

(4)用水平方向的坐标架调节测量截面到平板前端的距离l；

(5)用铅垂方向的坐标架调整热线探针，记录其头部与平板间的距离；

（6）对风洞的风速进行标定，得到电机频率与风洞实验段风速的线性关系；

（7）分别采用皮托管与 TSI 手持式热线风速仪进行校准，填入表 5-5；

（8）经过风洞标定，得出来流风速与电机频率的函数关系，选取不同风速对热线风速仪进行标定，填入表 5-6；

（9）在进行平板湍流边界层速度型测量实验时，为了避免热线探头触碰平板导致热丝断开，将热线探头与平板的最小距离控制在 3 mm；

（10）将来流速度控制在 7 m/s 和 12 m/s 时，分别记录热线探头与平板的距离每隔 0.005 m 时的边界层脉动速度，填入表 5-7。

5. 实验数据记录及处理

表 5-5　电机频率与风速的关系

序号	电机频率/Hz	皮托管/(m·s^{-1})	TSI/(m·s^{-1})	平均流速/(m·s^{-1})
1				
2				
3				
4				
5				
6				

表 5-6　热线风速仪标定数据

序号	电机频率/Hz	风速/(m·s^{-1})	热线电压/V
1			
2			
3			
4			
5			
6			

表 5-7　平板湍流边界层的速度分布

序号	探针与平板的距离 Y/m	$v_\infty = 6$ m/s	$v_\infty = 10$ m/s
1			
2			

序号	探针与平板的距离 Y/m	$v_\infty = 6 \text{ m/s}$	$v_\infty = 10 \text{ m/s}$
3			
4			
5			
6			
7			
8			
9			
10			
11			
12			

6. 实验报告要求

(1)实验报告内容应包括实验目的、实验设备、实验原理及数据等;

(2)分析实验数据,并回答思考题。

7. 思考题

(1)热线风速仪的优缺点有哪些?

(2)热线风速仪可否用于测量水流速度?

(3)试分析黏性流体在边界层速度脉动量的变化趋势。

5.2.3 实验三 激光多普勒测速实验

1. 实验目的

(1)了解激光多普勒测速基本原理;

(2)了解双光束激光多普勒测速仪的工作原理;

(3)掌握一维流场流速测量技术。

2. 实验原理

1)多普勒信号的产生

如图 5 - 17 所示,由光源 S 发出频率为 f 的单色光,被速度为 v 的粒子(如空气中的一粒细小的粉尘)P 散射,其散射光由 Q 点的探测器接收。由于多普勒效应,粒子 P 接收到的

光频率为

$$f' = \frac{f}{\sqrt{1 - v^2/c^2}}\left(1 + \frac{v}{c}\cos\theta_1\right) \qquad (5-23)$$

其中，c 为光速。同样由于多普勒效应，在 Q 点所接收的粒子 P 的散射光频率为

$$f'' = \frac{f'\sqrt{1 - v^2/c^2}}{1 - (v/c)\cos\theta_2} \qquad (5-24)$$

那么 Q 点接收的频率为

$$\Delta f = f'' - f = \frac{fv}{c}(\cos\theta_1 + \cos\theta_2) \qquad (5-25)$$

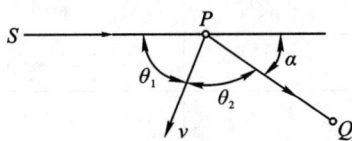

图 5-17　多普勒信号的产生

如果粒子 P 以速度 v 进入两束相干光 S 和 S' 的交点，并在 Q 点接收散射光，如图 5-18 所示，由于 S 和 S' 是方向不同的两束光，在 Q 点将产生两种接收频率。对于光束 S' 的频率差为

$$\Delta f' = \frac{fv}{c}(\cos\theta'_1 + \cos\theta_2) \qquad (5-26)$$

最后得到两种频率差之差：

$$f_D = \Delta f - \Delta f' = \frac{2v}{\lambda}\sin\left(\frac{\alpha}{2}\right)\cos\beta \qquad (5-27)$$

式中：λ 为相干光的波长；f_D 为多普勒信号频率。在一定光路条件下，$\frac{2v}{\lambda}\sin\left(\frac{\alpha}{2}\right)$ 是一个常数，于是上式可写成

$$f_D = \alpha\cos\beta \cdot v \qquad (5-28)$$

其中，α 为光机常数。可见，当 β 为定值时（粒子运动方向不变），f_D 与粒子的速度成正比关系。因此，只要测量出 f_D 就可以得到速度 v。这种用两束光相交于测量点的 LDV 方式称为双光束 LDV 或差动 LDV，是一维流场测量最常用的方法之一。

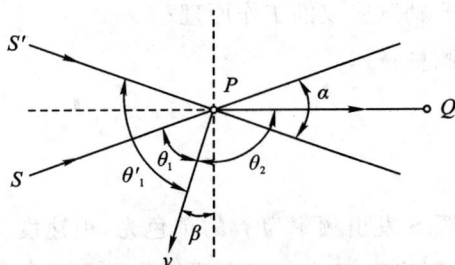

图 5-18　双光束多普勒信号的产生

2) f_D 信号的接收

以双光束 LDV 光路为例,讨论 f_D 信号的接收。为使问题简化,设 β 为 0,即粒子运动方向与两束光夹角平分线垂直,如图 5 - 18 所示。注意到光路的对称,两束光在 Q 点散射光的角频率差,即 $\Delta\omega' = -\Delta\omega$,其中 ω 为相干光的角频率。光敏探测器,如雪崩光敏二极管的输出电流与入射光强的平方成正比。探测器的输出电流为

$$I(t) = kE^2 = k(E_1 + E_2)^2 \tag{5-29}$$

其中,k 为表征探测器灵敏度的系数。光电流 $I(t)$ 应由直流分量、差频项 $2\Delta\omega$、倍频项 2ω 频率成分组成。但由于探测器能够输出的光电流信号频率远远低于相干光的频率,因此在光电流 $I(t)$ 中只能出现差频项 $2\Delta\omega$ 和直流分量。探测器输出的光电流为

$$I(t) = kE_0^2[1 + \cos(2\Delta\omega t + \varphi_1 - \varphi_2)] \tag{5-30}$$

根据上式即可测量出多普勒信号频率 f_D,得到粒子的速度。由于激光束横截面上光强为高斯分布,粒子只有进入两光束相交的区域才能产生散射,一个粒子的信号波形如图 5 - 19 所示。前面所说的直流分量实际上是一个低频分量,由图中的虚线表示。频率为 f_D 的波叠加到这个低频分量上,波形的包络线近似高斯曲线。

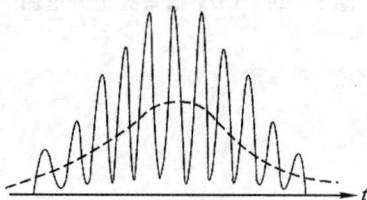

图 5 - 19　单粒子产生波群

双光束 LDV 由于干涉现象,会产生一个干涉条纹区,条纹间距为

$$S = \frac{\lambda}{2\sin(\alpha/2)} \tag{5-31}$$

如果一个尺寸小于条纹间距的粒子,以速度 v 进入条纹区,由于光强明暗相间,每当粒子运动到明场时将散射出一个光脉冲;通过条纹区,将散射出一串光脉冲。通过简单计算,可知脉冲串的频率为

$$f_D = \frac{2v}{\lambda}\sin\left(\frac{\alpha}{2}\right)\cos\beta \tag{5-32}$$

用干涉条纹区解释双光束 LDV,比较简单,但不能解释多普勒信号的波形特点。可以证明,无论从任何方向接收条纹区的散射光,其多普勒信号的频率 f_D 都是相同的,其波形特点也是相同的。

3) 散射粒子的速度代表流体的速度

在流体中,有许多尺寸为微米级的小粒子,其质量很小,运动速度可以跟得上流体的速度变化。足够多的粒子流经流场中的某一点时,虽然它们的速度会有差别,但速度的统计平

均就可以代表场点的流速。

4)多普勒信号处理

多普勒信号分为频谱分析法、频率跟踪解调法、计数法等几种处理方法。在本实验中，首先对多个单列波群分别做频谱分析，得到一系列的多普勒信号频率 f_{D_i}；再计算这些频率 f_{D_i} 的统计平均值，如求算术平均值，得到表示流速的频率 f_D；最后由式(5-32)得到流速 v。由于波群携带了噪声和干扰，需要对信号进行滤波等处理。当一个粒子进入条纹区时，探测器输出的信号经放大、滤波后，成为一个上下对称的、包络线近似高斯曲线的多普勒波群。其中高通滤波器用来消除"基座"，即前面说的多普勒信号直流分量。低通滤波器用来消除信号由于干扰和噪声叠加的多余部分，流程图如图5-20所示。

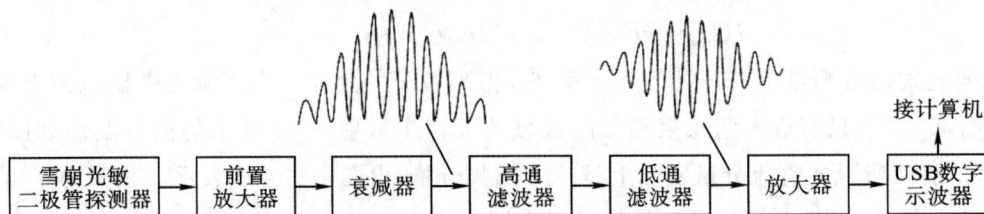

图 5 - 20　LDV 信号处理方框图

3. 实验仪表及设备

(1)激光流速仪光路部分；

(2)LDV 信号处理器；

(3)DSO - 2105 USB PC Based 数字示波器；

(4)PC 机；

(5)流场：光路采用典型的双光束 LDV 布局，如图 5 - 21 所示。其中，M_1、M_2 是全反射镜，S_1 是 5：5 分光镜，L_1 是焦距 $f_1 = 100$ mm 的凸透镜，L_2 是焦距 $f_2 = 38$ mm 的凸透镜，挡光板用来遮住两束直射光。

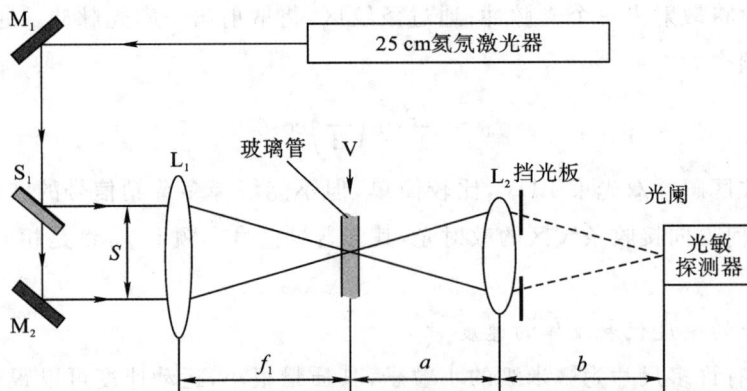

图 5 - 21　实验光路图

4. 实验方法及步骤

(1) 调整发射部分。按照图 5-19 搭建、调整光路。相互平行两束光的间距 $S=20\sim 25$ mm。搭建光路时先不将玻璃管、L_2 和光敏探测器摆到光路中。将白屏放到 L_1 焦距处，仔细调整 S_1、M_2 和 L_1 的角度、高度和距离等，使两光点重合。再将检查镜放到 L_1 焦点处，白屏放到前方约 1 m 处，观察两光点是否严格重合及条纹情况；通过微调 M_1 反射镜支架上的两个调节螺丝，得到清晰的条纹区。

(2) 调整接收部分。将玻璃管放到测量位置，调整位置，使两光束交点位于玻璃管正中心。L_2 和光敏探测器的位置如图 5-17 所示，可取 $a=b=2\times f_2=76$ mm。仔细调整 L_2 和光敏探测器，使两光点交于探测器小孔内的探测窗上。

(3) 将挡光板套在 L_2 的透镜座上，挡住两束直射光。

(4) 用直角狭缝挡住玻璃管两处射光点，以提高信噪比。

(5) 将信号处理器的雪崩光敏二极管电压调到第一条刻度线，衰减器预置为 -4 dB，根据预估流速范围设定高通滤波器和低通滤波器。打开信号处理器、USB 示波器和产生流场的水泵。

(6) 观察多普勒波形，调整信号处理器的各项设置和示波器，出现理想波形。如果未出现波形，应关上信号处理器电源，重复步骤(2)~(6)。

(7) 通过改变水泵电压，产生 5 种流速，每种流速记录 16 个波群的频率值，并记录各次测量的水泵电压填入表 5-8。

表 5-8　流速分布数据

序号	流速/(m·s^{-1})	频率值 f_D/Hz	水泵电压/V
1			
2			
3			
4			
5			

5. 实验数据记录及处理

(1) 计算各流速的统计平均值，画出速度分布曲线；

(2) 画出水泵电压和流速的关系曲线。

6. 实验注意事项

(1) 调整光路时不得打开信号处理器电源，必须装好挡光板，挡住两束光，才能打开信号处理器；

(2)注意保护光学器件，不得触碰，严禁擦拭各光学面；

(3)调整光路时防止磕碰，不要拧松支杆和镜架等处的连接螺纹。

7.实验报告要求

(1)实验报告内容应包括实验目的、实验设备、实验原理、波形及实验数据等；

(2)计算各流速的统计平均值，画出速度分布曲线；

(3)处理实验数据，画出水泵电压和流速的关系曲线。

8.思考题

(1)为什么实验步骤(3)强调"装好挡光板，挡住两束直射光"？

(2)图 5-21 中两光束间距 S 为什么不能太大？

(3)测量高速气体对仪器有哪些要求？ 在使用相同信号处理器的情况下，如何改变光路以提高待测流速上限？

第6章

转速测量

6.1 转速测量方法

转速测量的方法有很多,测量仪表的形式多种多样,其使用条件和测量精度也各不相同。根据工作方式的不同,转速测量可分为两大类:接触测量和非接触测量。前者在使用时必须与被测转轴直接接触,如离心式转速表和测速发电机等;后者在使用时不必与被测轴接触,如磁电式、光电式、霍尔式、电容式和电涡流式传感器及闪光测速仪等。机械式转速表的结构简单,但精度低且有转矩损失,现已较少采用。目前广泛使用的是非接触式的电子与数字化的测速仪表,这类仪表测量精度高、使用方便,能实现远距离的数据传输和显示。

目前转速的测量以数字脉冲式测量方法为发展主流,其测量方法基本是在被测转轴上装一个转盘(称为调制盘),盘上有一个或多个能使传感器敏感的标志,如齿、槽、孔、狭缝、磁铁、反光条等,当标志经过传感器时便产生输出脉冲。记录脉冲信号频率及旋转一周产生的脉冲数,利用它们之间的关系计算出转速。

6.1.1 磁电式传感器

磁电式转速传感器是利用电磁感应原理测量转速的装置,它通过感应旋转物体所产生的磁场变化测量转速,并将转速信号转换为电信号输出。它直接将被测对象的机械能量转换成易于测量的电信号输出,工作不需要外加电源,是一种典型的有源传感器。磁电式传感器有时也称作电动式或感应式传感器,它只适合进行动态测量。由于它有较大的输出功率,故配用电路较简单,零位及性能稳定,工作频率一般为 $5\sim500$ Hz,所以得到普遍应用。但由于磁电式传感器对转轴有一定的阻力矩,并且低速时其输出信号较小,故不适用于低转速和小扭矩轴的测量。

通过磁电相互作用将被测量(如振动、位移、转速等)转换成感应电动势的传感器,也被称为感应式传感器、电动式传感器。根据电磁感应定律,当 W 匝线圈在均恒磁场内运动时,设穿过线圈的磁通为 Φ,则线圈内的感应电势 e 与磁通变化率 $d\Phi/dt$ 有如下关系:

$$e = -W \frac{\mathrm{d}\Phi}{\mathrm{d}t} \qquad (6-1)$$

根据这一原理,可以设计成恒磁通式和变磁通式两种结构形式,构成测量线速度或角速度的磁电式传感器。

(1)在恒磁通式结构中,工作空隙中的磁通恒定,感应电势是由于永久磁铁与线圈之间有相对运动——线圈切割磁力线而产生的,其结构如图 6-1(a)所示。线圈中感应电势的大小与线圈和磁场间的相对运动速度有关,即

$$e = -WBL \frac{\mathrm{d}x}{\mathrm{d}t} \text{ 或 } e = -WBL \frac{\mathrm{d}\theta}{\mathrm{d}t} \qquad (6-2)$$

式中:x 为线位移尺度;θ 为角位移尺度;W 为线圈匝数;B 为磁场强度;L 为磁场中导体的长度。

当传感器的结构确定后,B、L、W 均为常数,线圈中感应电势的大小与线圈对磁场的相对运动速度 $\frac{\mathrm{d}x}{\mathrm{d}t}$ 或 $\frac{\mathrm{d}\theta}{\mathrm{d}t}$ 成正比。利用这个特点,磁电式传感器可以测量线速度或角速度。

(2)在变磁通结构中,永久磁铁和线圈均固定不动,与被测物体连接而运动的部分是利用导磁材料制成的动铁心(齿轮转子),动铁心的运动使气隙和磁路磁阻变化从而引起磁通变化,进而在线圈中产生感应电势,其结构如图 6-1(b)所示。当齿轮的转动轴旋转时,每转过 1 个齿就切割 1 次磁力线,产生 1 个来自线圈感应电动势的脉冲信号。齿轮每转一圈就发出 z 个(z 表示齿数)脉冲信号。如果将单位时间内的脉冲除以齿数,则表示该旋转轴的运动频率。

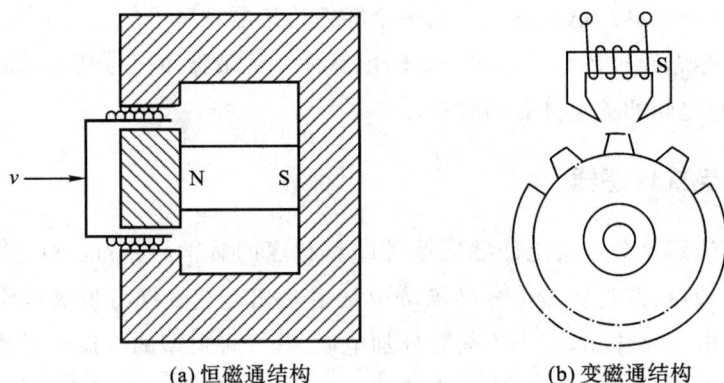

(a) 恒磁通结构　　　　　　　(b) 变磁通结构

图 6-1　磁电式转速传感器示意图

6.1.2　光电式传感器

光电式传感器是利用光电效应测量转速的装置,它通过感应旋转物体上的反射或透过光信号的变化来测量转速,并将转速信号转换为电信号输出。光电式传感器利用某些金属或半导体物质的光电效应特性制成,当具有一定能量的光子投射到这些物质的表面时,具有

辐射能量的微粒将透过受光的表面层,赋予这些物质的电子以附加能量,或者改变物质的电阻大小,或者使其产生电动势,导致与其连接的闭合回路中产生电流变化,从而实现光-电转换过程。光电式传感器利用光电元件(如光电池、光敏电阻、光电管等)对光的敏感性测量转速,有投射式和反射式两种。

(1)投射式传感器的工作原理如图 6-2(a)所示,遮光盘 2 安装在被测速转轴上,遮光盘上均匀分布 z 条狭缝。测速时,遮光盘间断地遮住光源 1 射向光电管 3 上的光束,使光电管集电极电流发生交替变化。遮光盘每转一圈,传感器发出 z 个脉冲信号。

(2)反射式传感器的工作原理如图 6-2(b)所示,将光源 7 与光敏管 8 合成一体,在被测速转轴的某一部位,轴向均匀涂上 z 条相间的反光条和不反光条,或间隔均匀贴上 z 条反光带。若光线的聚焦点正好落在被测速转轴的测量部分,则当被测速转轴旋转时,由于聚焦点间断地在反光条和不反光条之间变动,光敏管随着光的强弱变化而产生相应的电脉冲信号。被测速转轴每转一圈,传感器发出 z 个脉冲信号。

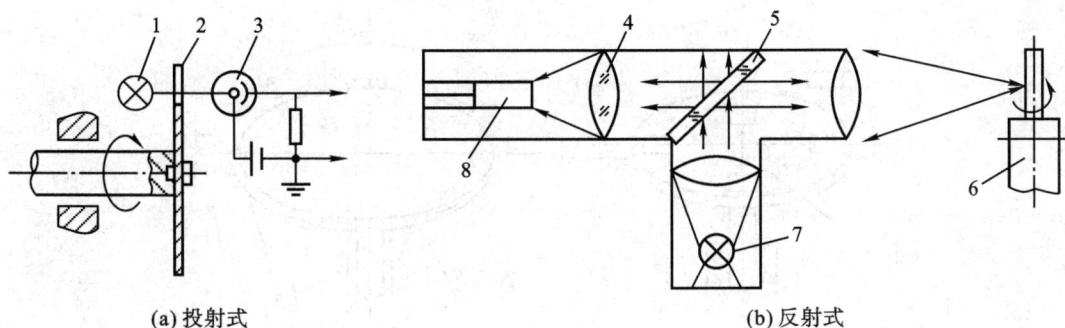

(a) 投射式　　　　　　　　　　　　　　　(b) 反射式

1、7—光源;2—遮光盘;3—光电管;4—透镜;5—反光镜;6—被测转轴;8—光敏管。

图 6-2　光电式传感器示意图

6.1.3　霍尔式传感器

霍尔式转速传感器是利用霍尔元件感应磁场变化来测量转速的装置,它通过感应磁场的变化来探测旋转物体的转速,并将转速信号转换为电信号输出。如图 6-3 所示,在一长方形半导体薄片的垂直方向上加一磁感应强度为 B 的磁场,当在薄片的两端有电流 I 流过时,在此薄片的另外两端会产生一个大小与电流 I 和磁感应强度 B 的乘积成正比的电压 U_H,这一现象称为霍尔效应,所产生的电压 U_H 称为霍尔电压。

$$U_H = K_H I B \qquad (6-3)$$

式中:K_H 为霍尔元件的灵敏度。霍尔元件的灵敏度表示霍尔元件在单位磁感应强度和单位电流作用下霍尔电压的大小,对于某一型号的霍尔元件 K_H 为常数。

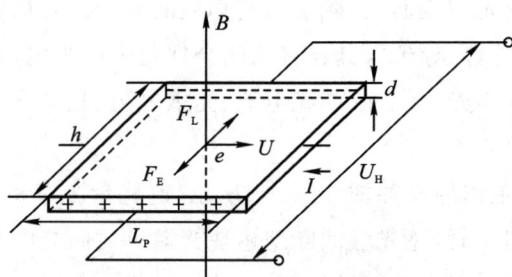

图 6-3 霍尔效应原理图

采用霍尔式传感器可以非常方便地进行非接触式转速测量。图 6-4 所示为应用霍尔式传感器测量转速的两种形式。将霍尔元件固定在永磁体附近,而永磁体粘贴在旋转的物体上,当被测物体旋转时,霍尔电压随霍尔元件距永磁体的距离变化而发生变化,对输出信号进行处理,就可以测量出转速。目前多采用集成霍尔式传感器,使输出信号为标准的方波信号。

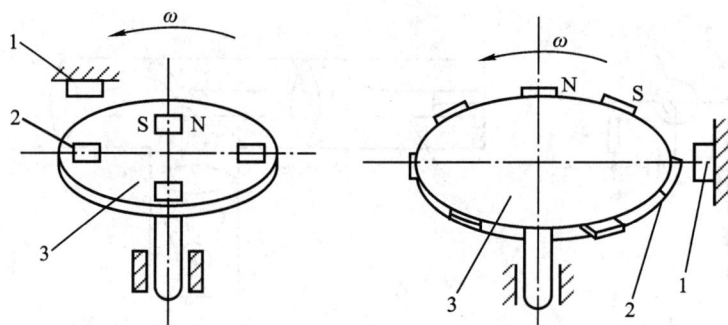

1—霍尔元件;2—永久磁铁;3—被测物体。

图 6-4 霍尔式转速传感器示意图

6.1.4 电容式传感器

电容式转速传感器是利用电容变化来测量转速的装置,它通过感应旋转物体与电极之间的电容变化来测量转速,并将转速信号转换为电信号输出。电容式转速传感器主要有面积变化型和介质变化型两种,如图 6-5(a)、(b)所示。

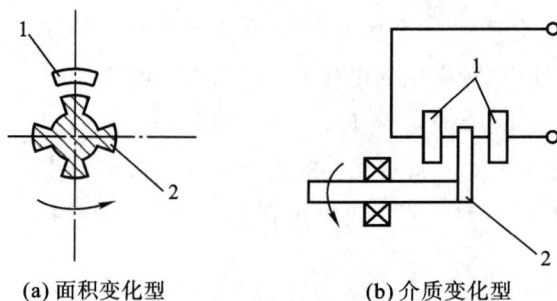

(a) 面积变化型　　　　　　(b) 介质变化型

1—定极板;2—动极板(导电齿盘、介电齿盘)。

图 6-5 电容式转速传感器示意图

在面积变化型传感器中,齿盘由低电阻率的轻型金属材料(如铜、铝等)制成,称为导电齿盘,以导电齿盘的齿部作为一电极(即动极板)和固定安装的另一极板(即定极板)组成电容器;面积变化型传感器工作时,导电齿盘随被测轴转动,动极板和定极板之间的相对面积发生周期性变化,使两极板之间的电容量发生周期性变化。在介质变化型传感器中,齿盘由介电常数很高的非金属材料(如陶瓷等)制成,称为介电齿盘,以一对固定安装的导电极板(即定极板)组成电容器;介质变化型传感器工作时,介电齿盘随被测轴转动,其齿部周期性地从两定极板之间经过,使两定极板之间的介电常数发生周期性变化,其电容量发生周期性变化。

6.1.5　信号处理及显示

1. 信号处理

转速传感器直接输出的信号大多数是微弱信号,通常为毫伏或毫安级,不能被数据采集系统直接采集,也不能直接驱动记录(显示)仪表。为此,需要根据传感器输出信号的特性、工作方式等,对传感器的输出信号进行各种形式的处理,如放大、滤波、调制等,将信号调制成能被数据采集系统接收或能驱动显示记录设备的标准信号。图 6-6 为传感器信号测量方框图,信号处理电路一般集成在变送器内。

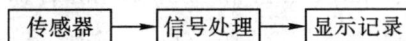

$$传感器 \longrightarrow 信号处理 \longrightarrow 显示记录$$

图 6-6　信号测量方框图

转速传感器是将旋转物体的转速转换为电量输出的传感器,磁电式、光电式、霍尔式、电涡流式传感器输出的是脉冲波形(近似正弦波或矩形波)。转速传感器输出的标准信号是电压信号,而对于测量转速来说电压大小并没有太大的意义,希望得到的只是电压变化的次数,即频率。一般来说,常用的频率测量方法有两种:频率测量法(亦称计频法)和周期测量法(亦称计时法)。频率测量法是在时间 t 内对被测信号的脉冲数 N 进行计数,然后求出单位时间内的脉冲数,即为被测信号的频率;周期测量法是先测量出被测信号的周期 T,然后根据 $f=1/T$ 求出被测信号的频率。前者适合于高频信号测量,后者适合于低频信号测量。

脉冲信号的频率与信号盘的转速是成正比的,其关系为

$$f = n \times z/60 \qquad\qquad (6-4)$$

根据式(6-4)可求出所测转速:

$$n = 60f/z \qquad\qquad (6-5)$$

式中:n 为齿轮转速,r/min;f 为传感器脉冲信号频率,Hz;z 为转一周产生的脉冲数。由上式可见,通过计算传感器脉冲信号频率 f 及每转一周产生的脉冲数 z,即可得到转速。

2. 信号显示

从转速传感器输出的标准信号被送至显示记录设备,实验中一般使用示波器或数显转

速仪表作为显示设备。示波器可以显示电机转速输出电信号的波形图,波形图可以给出波形周期、频率、占空比等参数信息,根据频率或周期即可计算转速。数显转速仪表是一种测量频率或周期并显示转速的显示仪表,由集成电路、LED 数字显示器组成,利用频率测量原理或周期测量原理(详见《热能与动力机械测试技术》5.1.2 节,厉彦忠主编),完成转速的计算和数字显示。

6.2 转速测量实验

6.2.1 实验一 磁电式、光电式和霍尔式传感器转速测量实验

1. 实验目的

(1)了解磁电式、光电式、霍尔式等常用转速传感器的测量原理及使用方法。

(2)了解转速测量实验系统的组成、各个组成部分的功能及其相互关系。

(3)根据掌握的相关知识及电路图,学会搭建转速测量实验系统,掌握测量方法。

(4)选择不少于 3 种传感器(磁电式、光电式、霍尔式传感器为必做,电涡流式、电容式选做一种),分别测出 500 r/min、1000 r/min 和 2000 r/min 转速下的输出波形,记录波形、周期及输出电压。

2. 实验原理

1)磁电式传感器

基于电磁感应原理,W 匝线圈所在磁场的磁通变化时,线圈中感应电势:$e=-W\dfrac{\mathrm{d}\Phi}{\mathrm{d}t}$发生变化,因此当转动盘上嵌入 N 个磁铁时,转动盘每转一周,磁电式传感器感应电势产生 N 次的变化,通过放大、整形等信号处理电路由示波器输出 N 个脉冲信号,测量脉冲波形的频率,利用转速与频率之间的关系式进行计算从而得到转速。

2)光电式传感器

光电式传感器有投射型和反射型两种,本实验装置采用反射型。传感器有发光元件和光电元件,发光元件发射光束,经过光学系统照射到转盘上(光束透过孔被吸收或被圆盘反射回来),圆盘反射的光束经过光学系统照射到光电元件上,光电元件将光信号转换为电信号,经信号处理电路处理后输出电信号。由于转盘上设置了 N 个孔,相当于转盘有黑白相间的 N 个间隔,转动时获得与转速及孔数有关的脉冲,测量脉冲波形的频率,利用转速与频率之间的关系式进行计算从而得到转速。

3)霍尔式传感器

利用霍尔效应表达式:$U_H=K_H IB$,当被测转盘上装有 N 个磁铁时,圆盘每转一周,磁场就变化 N 次,霍尔电势相应变化 N 次,电势通过放大、整形等信号处理电路输出脉冲,测量

脉冲波形的频率,利用转速与频率之间的关系式进行计算从而得到转速。

3. 实验系统

实验系统如图 6－7 所示,主要由以下部分组成。

(1)直流电机:150 W,4～32 V,0～3000 r/min。

(2)可调直流电源:0～30 V,输出电流 0～5 A。通过调节电源电压改变电机输入功率,从而改变电机的转速。

(3)传感器:磁电式、光电式、霍尔式、电涡流式、电容式。

(4)转速表:型号 XSM－CHGT1A1B2V0N,1～99999 r/min,0.6～60000 ms,24VDC,4～20 mA。

(5)直流电源:24 V。为转速表、传感器提供电源。

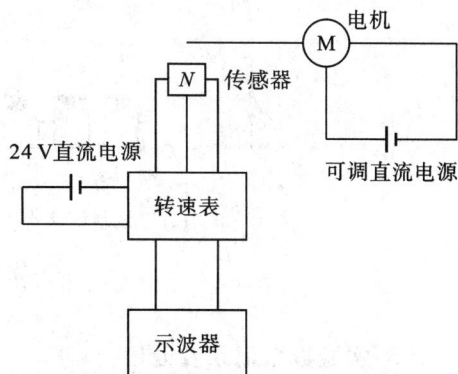

图 6－7　实验系统示意图

(6)示波器:型号 DS2202A,带宽 200 MHz,实时采样率 2 GSa/s。显示输出波形、频率等信息。

4. 实验方法及步骤

(1)检查实验系统包含的实验设备及部件是否齐全。

(2)打开实验箱盖板找到电涡流式或电容式传感器对应的标志(特征),在合适的位置安装固定传感器,盖上盖板;磁电式、光电式、霍尔式传感器为必做传感器,已在合适位置安装固定(勿拆)。

(3)请先按照图 6－7 理清各设备之间的关系再进行接线。

(4)将其中一种传感器输出线与转速表接线端口相连(三线制传感器输出线分别接至端口 1、2、4,二线制传感器输出线分别接至端口 1、4);传感器和转速表接线如图 6－8 所示。

(5)将示波器接线端与转速表接线端口相连(黑色线接至端口 1,红色线接至端口 4)。

(6)24 V 直流电源与转速表相连(红色线接端口 15,黑色线接端口 16)。

(7)直流电机接到可调直流电源。

(8)分别将可调直流电源、示波器、直流电源接至 220 V 电源。

(9)打开可调直流电源及示波器开关(切记一定先盖上盖板再接通电机的电源)。

(10)调节可调直流电源电压,观察转速表读数,分别将转速调节到 500 r/min、1000 r/min 和 2000 r/min,记录每个转速下的输出波形,并记录周期和输出电压值,填入实验记录表中(调节转速时,将转速偏差调节至±5 r/min 以内)。

(11)将转速调至 0,按照步骤(4)依次连接其他传感器进行测量(切记在连接线路及调整传感器位置时,一定要关掉电机的电源)。

(12)实验完毕后,将转速调至 0,关掉所有电源,整理实验台,恢复到实验前的状态。

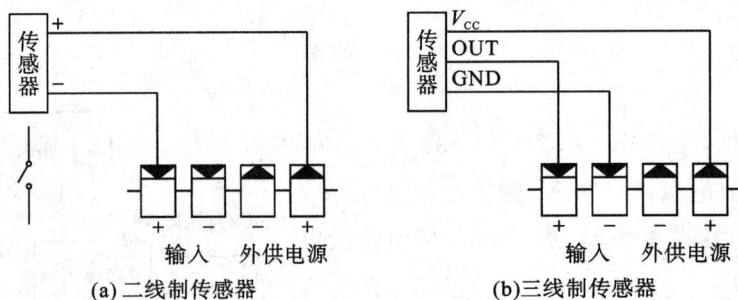

(a)二线制传感器 (b)三线制传感器

图 6-8 传感器接线图

5. 实验数据记录及处理

(1)分别画出不同转速下电机转动一周输出脉冲信号的图形。

(2)记录波形高、低电平时间及电压,计算占空比。

(3)记录波形的周期,计算频率。

表 6-1 实验波形及数据记录

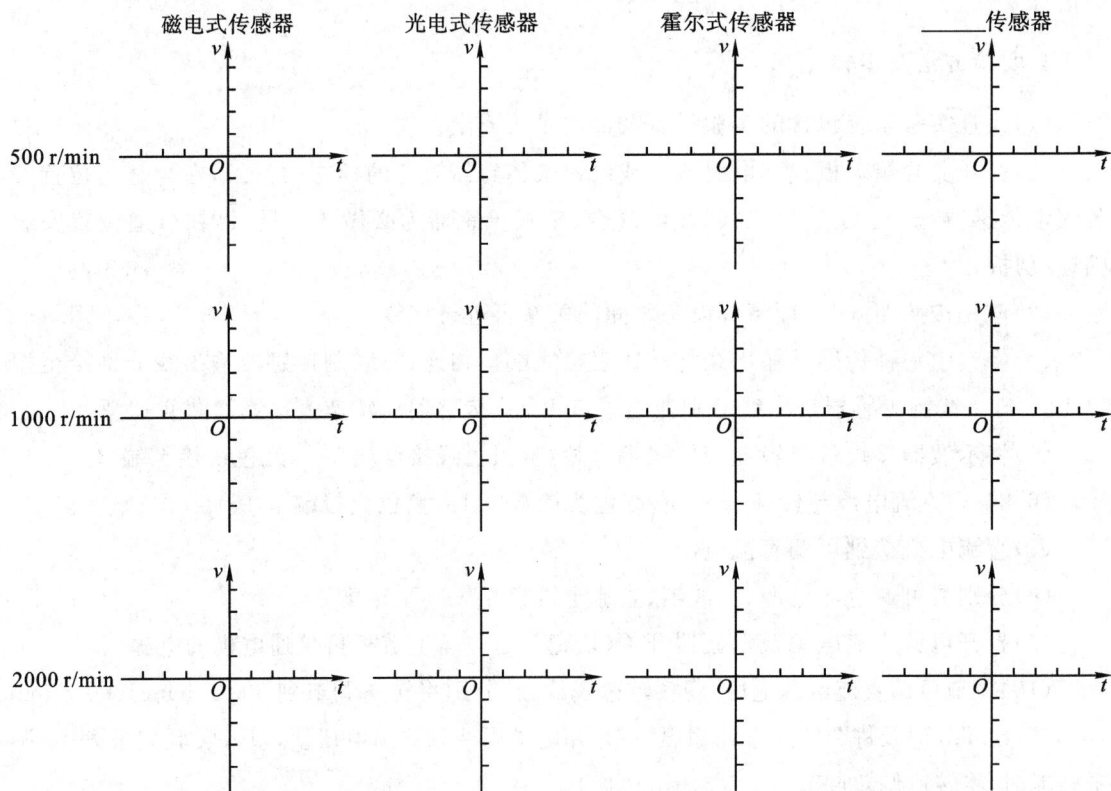

转速 /(r · min^{-1})	周期/ms	电压/V	T_1 高电平/s	T_2 低电平/s	占空比 /(T_1/T_2)
500					
1000					
2000					

6. 实验注意事项

(1)切记盖上实验箱盖板再打开电机的电源,电机转动过程中严禁打开盖板。

(2)磁电式、光电式、霍尔式传感器为必做传感器,已在合适位置安装固定(勿拆卸)。

(3)连接线路及调整传感器位置时,一定要关掉电机的电源,避免操作时触碰到电机接线开关后电机转动,造成危险。

(4)待实验教师确认接线无误后方可进行实验。

(5)若每转有多个脉冲信号,只需画出 1~2 个脉冲信号的图形。

7. 实验报告要求

(1)实验报告内容应包括实验目的、实验设备、实验原理、实验波形及数据、实验数据处理、思考题等。

(2)分析实验波形,计算测量误差,并回答思考题。

8. 思考题

(1)传感器输出电压与转速的高低有何种规律?

(2)分析磁电式传感器为何不能进行低转速测量?

(3)在转速较低时需使用磁电式传感器测量,可采用哪些措施?

(4)实验中可能引入哪些系统误差和随机误差? 如何改进实验方案?

(5)转速大小与占空比的大小是否有关?

6.2.2　实验二　电容式、电涡流式传感器转速测量实验

1. 实验目的

(1)掌握利用电容式和电涡流式传感器测量转速的工作原理;

(2)学习和掌握频率计的使用方法;

(3)熟悉转速测量实验系统的组成及搭建。

2. 实验原理

1) 电容式传感器测量转速

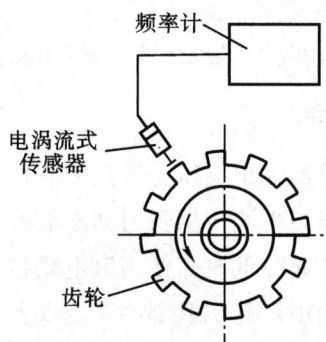

本实验中, 电容式传感器和测速齿轮配合使用, 如图 6-9 所示。图中齿轮外沿面作为电容器的动极板, 与电容式传感器中的定极板组成电容器, 当电容器定极板与齿顶相对时, 电容量最大, 而与齿隙相对时, 电容量最小。因此, 电容量的变化频率与齿轮的转动频率成正比。

2) 电涡流式传感器测量转速

电涡流式传感器是一种非接触式测速传感器, 它通过检测旋转物体表面的电涡流信号来测量物体的转速, 其转速测量系统如图 6-10 所示。电涡流传感器由探头和信号处理器组成, 探头由线圈和磁芯组成, 线圈通过交变电压产生磁场, 磁芯用于集中和增强磁场, 信号处理器接收和处理探头输出的信号。

当电涡流式传感器靠近旋转的齿轮时, 齿轮由导体材料制作而成, 线圈中产生交变电压并产生一个旋转磁场, 这个旋转磁场会穿过旋转齿轮表面, 并在表面上产生涡流, 这些涡流会对线圈产生一个反向的磁场, 并改变线圈内的电阻值。根据霍尔效应, 当导体内部或表面的电阻值改变时, 电流也会随之改变。因此, 当涡流影响线圈时, 线圈输出的电流也会发生变化。这个变化的电流信号被传输到信号处理器中进行处理, 并转换成旋转物体的转速。

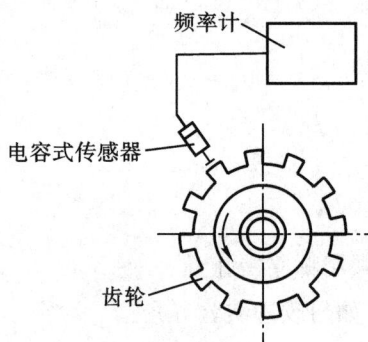

图 6-9 电容式传感器测量转速   图 6-10 电涡流传感器测量转速

3. 实验仪表及设备

(1) 频率计 CNT-90;

(2) 24 V 直流电机 (包括测速齿轮、转盘等);

(3) 可调直流电源 (电压 0~30 V);

(4) 电容式转速传感器、电涡流式转速传感器。

4. 实验方法及步骤

(1) 分别将两种传感器固定于合适的位置, 传感器对准测速齿轮 (传感器和测速齿轮的齿顶之间的距离约为 1 mm，齿轮由导体材料制作而成）；

（2）将直流电源加于电容式传感器电源端和电涡流式传感器电源端；

（3）将两种传感器的输出端分别接入频率计；

（4）打开直流电机开关，调节其输入电压，使转盘的速度发生变化，观察频率计变化；

（5）从 8 V 开始以 1 V 的电压差依次调节电压至 12 V，记录电机转速的数据（待电机转速比较稳定后读取数据）；

（6）重复步骤（5）两遍，记录数据；

（7）实验完毕后，先将直流电机的转速调为零，最后关闭电源。

5. 实验数据记录及处理

（1）使用不同的传感器对电机转速进行测量，数据记录如表 6-2 所示；

（2）根据表 6-2 中的实验数据，计算转速，画出电机的电压与转速的关系曲线图。

表 6-2 电容式、电涡流式传感器转速测量实验数据记录

测量次数	电压/V				
	8	9	10	11	12
第一次（频率/Hz）					
第二次（频率/Hz）					
均值					

6. 实验报告要求

（1）实验报告内容应包括实验目的、实验设备、实验原理、实验数据等；

（2）处理实验数据，画出电机的电压与转速的关系曲线图，并对曲线进行拟合；

（3）分别计算电容式和电涡流式传感器测量转速的误差，并回答思考题。

7. 思考题

（1）电容式和电涡流式传感器需要供电吗？

（2）利用电涡流式传感器测转速，选择齿轮表面材料时有什么限制？

（3）通过对本实验的学习，是否能够对家用电风扇进行测速？

6.2.3 实验三 闪光式测速仪转速测量实验

1. 实验目的

（1）掌握利用闪光式测速仪测量转速的工作原理；

(2)掌握利用闪光式测速仪测量转速的方法；

(3)学习和掌握闪光式测速仪的使用方法；

(4)熟悉转速测量实验系统的组成及搭建。

2. 实验原理

闪光测速仪是基于"视觉暂留原理"，就是指人的眼睛在很短的时间内（约 1/15～1/20 s），有保持已经从视野中消失了的物体形象的能力。根据这个原理，使用闪光测速仪测量电机转速。闪光测速仪实际提供了一个频率可调、持续时间极短的脉冲光源，照射一个旋转的圆盘，并在圆盘上预先做明显的标记（如条纹、点状标记等），当圆盘转速与脉冲光源的频率相等或成一个倍数时，圆盘上的标记每次都转到同一个部位，脉冲光源才发光照亮圆盘。这个标记在视觉中就会呈现出静止不动的状态，这样就可以根据发光频率的大小确定出被测转速。

3. 实验仪表及设备

(1)24 V 直流电机（包括圆盘）；

(2)可调直流电源（电压 0～30 V）；

(3)闪光测速仪。

4. 实验方法及步骤

(1)在被测电机转轴的圆盘上做标记（如条纹），即标识出要测量的目标物体。

(2)把闪光测速仪电源插头插入插座，按下电源开关，接通电源，数码管显示屏即显示该挡的闪光速值。

(3)启动直流电机，若待测电机转速值的大致范围未知，先将闪光测速仪按键开关置于"凸"挡。细调旋钮（带动十圈电位器），先顺时针转到头，把闪光对准标记，一边把细调旋钮逆时针微调整，一边观察标记，当第一次出现稳定的单象时，数码管显示的读数就是被测电机的每分钟转数。若"凸"挡不出现单象，用类似上述的方法，在"凹"挡内寻找。

(4)若待测电机转速的范围已知，则将按键开关置于包含此速值的某挡，用细调旋钮使闪光从高速向低速变化，第一次出现稳定的单象时，从数码管显示屏上读出被测电机的每分钟转速。

(5)从 8 V 开始以 1 V 的电压差依次调节电压至 12 V，记录电机转速的数据（待电机转速比较稳定后读取数据）。

(6)重复步骤(5)两遍，记录数据。

(7)实验完毕后，先将直流电机的转速调为零，最后关闭电源。

5. 实验数据记录及处理

(1)使用闪光测速仪对电机转速进行测量，数据记录如表 6-3 所示。

(2)根据表 6-3 中的实验数据，画出电机的电压与转速的关系曲线图。

表 6-3　闪光测速仪转速测量实验数据记录

测量次数	电压/V				
	8	9	10	11	12
第一次[转速/(r·min⁻¹)]					
第二次[转速/(r·min⁻¹)]					
均值					

6. 闪光测速仪使用方法补充说明

1)动态观测

动态观测方法同上述实验方法和步骤。在出现第一个单象时,调节细调旋钮让闪光频率与转速略有差异。这样,单象就不是静止的而是以慢速转动,象的旋转方向和速度受微调旋钮控制,视需要而定。

2)旋转方向判别

旋转方向判别方法同上述实验方法和步骤。在出现第一个单象时,调节细调旋钮让闪光频率略低于转速,这时单象就不是静止的而是以慢速旋转,象的旋转方向就是转盘的旋转方向。

7. 实验注意事项

(1)闪光测速仪电源内有 220 V 电源,请不要随意拆开,以免触电。

(2)单象或某个重象并非出现在一个闪光频率处。因此,如果速度范围已知,就把闪光频率置于这一范围内寻找;如果速度范围未知,就要从最高速处开始往低的方向寻找,使重象数越来越小,直至第一次出现单个稳定图像时,就是要测的真正转速。

8. 实验报告要求

(1)实验报告内容应包括实验目的、实验设备、实验原理、实验数据等;

(2)处理实验数据,画出电机的电压与转速的关系曲线图,并对曲线进行拟合。

9. 思考题

(1)闪光测速仪是否适用于较高速度的测量?请阐述理由。

(2)与磁电式、光电式、霍尔式、电容式和电涡流式传感器测速相比,闪光式测速仪有哪些优缺点?

6.2.4　实验四　测速发电机标定实验

1. 实验目的

(1)掌握测速发电机标定方法;

(2)掌握测速发电机工作原理及应用;

（3）根据标定实验，拟合输出电压与转速的关系。

2. 实验原理

当直流电机被通入直流电时，将电能转化为机械能，称为电机；而当直流电机被外力带动而转动时，将机械能转化为电能，称为发电机，此时如若测量其两个接口，则会有电压存在。直流电机做发电机的功能通常被用作测速，它将输入的机械转速变换为电压信号输出，其输出电压与电机转速成正相关，即转速越高，电压越高。

如图 6-11 所示，当外力带动测速发电机电枢旋转，电枢产生电动势为 E_a，其大小为

$$E_a = K\varphi n \tag{6-6}$$

式中：K 为感应电动势常数；φ 为励磁磁通；n 为转速。而发电机的输出电压为

$$U = E_a - R_a I_a = K\varphi n - R_a I_a \tag{6-7}$$

由于 $I_a = U/R_L$，故

$$U = K\varphi n/(1 + R_a/R_L) \tag{6-8}$$

可见，当测速电机为永磁电机或励磁电压 U_f 保持恒定时，磁通 φ 恒定，感应电动势常数 K 不变，自身电阻 R_a 和负载电阻 R_L 亦不变，此时输出电压 U 与转速 n 成正比。对于不同的负载电阻 R_L，测速发电机的输出特性斜率有所不同。R_L 越小，n 越大，则误差越大。其中当 R_L 为无穷大时即测速发电机开路，无负载电阻。

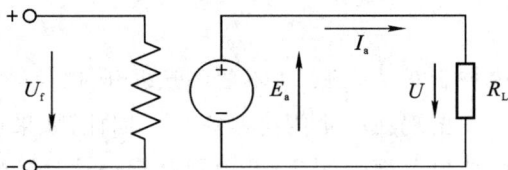

图 6-11 测速发电机工作原理图

3. 实验仪表及设备

图 6-12 为测速发电机标定实验系统示意图。实验系统主要由驱动电机、测速发电机、电压表、转速显示仪表等设备组成。

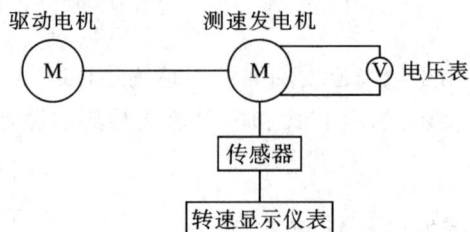

图 6-12 测速发电机标定实验系统示意图

（1）供电电源：UTP3313 型直流电源。

（2）驱动电机：545 型号，额定电压 24 V，额定转速 6000 r/min。

（3）测速发电机：545 型号，最大输出电压 15.8 V。

(4)转速传感器:0～5 V 模拟电压输出,测速范围 0～3000 r/min。

(5)联轴器:连接测速发电机-电机-转速传感器。

(6)直流电压表:SWP-DC 系列,DC24V。

(7)转速显示仪表:SWP-RP 系列,0～15 kHz。

4. 实验方法及步骤

(1)使用联轴器依次将测速发电机、驱动电机和转速传感器连接起来;

(2)利用供电电源给驱动电机供电;

(3)将转速传感器的输出信号接至转速显示仪表;

(4)将直流电压表正负极与测速发电机正负极相接;

(5)将直流电源电压调至 2 V,驱动电机带动测速发电机转动,记录此时转速传感器测得的转速和电压表测得的测速发电机开路电压(待电机转速比较稳定后读取数据);

(6)从 2 V 开始以 2 V 的电压差依次调节电压至 16 V,记录转速和电压的数据;

(7)再重复步骤(6)一遍,记录数据;

(8)实验完毕后,先将电机的转速调为零,关闭电源,恢复实验前的状态。

表 6-4　测速发电机标定实验数据记录

转速/(r·min⁻¹)	输出电压/V						

5. 实验注意事项

(1)请勿将直流电压表与测速发电机的正负极接错;

(2)待电机转速比较稳定后再读取数据,以保证数据准确性;

(3)电机启动以后请不要触碰实验部件(只需操作供电电源改变电压)。

6. 实验报告要求

(1)实验报告内容应包括实验目的、实验设备、实验原理、实验数据等;

(2)处理实验数据,画出电机的电压与转速的关系曲线图,并对曲线进行拟合。

7. 思考题

(1)测速发电机的负载电阻大小对其输出电压特性斜率有什么影响?

(2)为何将驱动电压规定在 2～16 V 范围区间?

第 7 章

液位测量

7.1 液位测量方法

液位检测在现代工业生产过程中具有重要地位。一方面通过液位检测可确定容器里液体的高度;另一方面是通过检测,可连续监视或调节容器内流入和流出液体的平衡。

液位指容器内液体介质液面的高低。液位测量总体上可分为直接测量和间接测量两种,由于测量状况及条件复杂多样,因而往往采用间接测量,即将液位信号转化为其他相关信号进行测量,如浮力法、压力法、电学法、热学法等。

液位测量的原理主要是基于相界面两侧物质的物性差异或液位改变时引起有关物理参数的变化。这些物理参数可能是电量的或非电量的,如电阻、电容、电感、差压以及声速等,它们的共同特点是能够反映相应的液位变化并易于检测。实际应用时,根据所检测的物理量不同或所采用的敏感元件不同,形成了各种各样的液位测量方法和相应的测量仪表,主要有沉浮式测量法(浮子式液位计)、差压式测量法(差压式液位计)、电阻式测量法(电阻式液位计)、电容式测量法(电容式液位计)等。

7.1.1 沉浮式测量法

液位测量通过液位的变化输入位移信号,液位变化的测量通过漂浮在其上的浮子来反映。以浮子的运动来反映液位变化的仪器统称为浮子式液位计。浮子式液位计的工作原理如图 7-1 所示,将液面上的浮子用绳索连接并悬挂在滑轮上,绳索的另一端有平衡锤,利用浮子所受重力和浮力之差与平衡锤的重力相平衡,使浮子漂浮在液面上。其平衡关系为

$$W - F_浮 = G \qquad\qquad (7-1)$$

其中,$F_浮 = hA\rho g$。

当液位升高后,浮子被浸没的高度增加 Δh,使浮子所受浮力增加

$$\Delta F_浮 = \Delta h A \rho g \qquad\qquad (7-2)$$

系统原稳定平衡状态被破坏,则

$$W - (F_浮 + \Delta F_浮) < G \qquad\qquad (7-3)$$

由于向上的浮力增加,浮子在平衡锤的牵引下,向上做相应的位移,直到系统达到新的平衡状态,作用在浮子上的合力又恢复为 $W-F_浮=G$,浮子将停留在新的液位上,反之亦然,因而实现了浮子对液位的追踪,其实质是通过浮子把液位的变化转换成机械位移(线位移或角位移)的变化。如果把机械位移转换成电量变化,就可以进行液位的远距离传输。

比较式(7-1)和式(7-3),为了满足系统受力平衡的要求,浮子上升的位移量与液位的增量是完全相同的,因此浮子的位移可以直接反映液位的变化量。

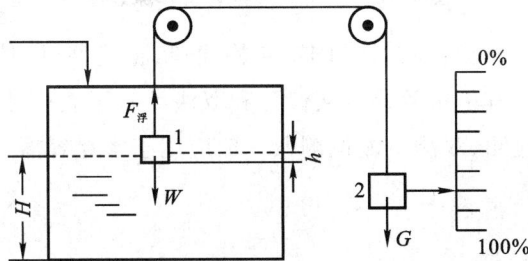

图 7-1　浮子式液位计工作原理图

浮子式液位计包括平衡式(浮标液位计、钢带液位计)、杠杆式(船用液位计、浮球开关)、连杆式(浮球浮子液位计)、导杆式(浮子液位计)和连通管式(磁性浮子液位计)。

7.1.2　差压式测量法

静压式液位计的测量原理基于不可压缩液柱高度与液体产生的静压成比例关系,因此,只要测量出液体的静压便可计算出液体的高度。差压式液位变送器安装在液体容器的底部,通过表压信号反映液位高度,这种测量方法简单,容易实现远距离传输,在工业中得到广泛应用。但盛装液体的容器经常在有压的情况下工作,此时常规静压式液位计就不能满足测量的要求。

对于内部带有压力的容器,差压式液位计有气相和液相两个取压口,两处的压力分别为 P_A 和 P_B,如图 7-2 所示。气相取压点处压力为设备内气相压力;液相取压点处压力除受气相压力作用外,还受液柱静压力的作用,液相和气相压力之差,就是液柱所产生的静压力。差压式液位计一端接液相,另一端接气相,根据流体静力学原理,液相取压口处的压力为

$$P_B = P_A + \rho g H \qquad (7-4)$$

由式(7-4)可得:$\Delta P=P_B-P_A=\rho g H$,在一般情况下,被测介质的密度和重力加速度都是已知的,因此,差压式液位计测得的差压与液体的高度 H 成正比,这样就把测量液体的高度问题转化成测量压差的问题。

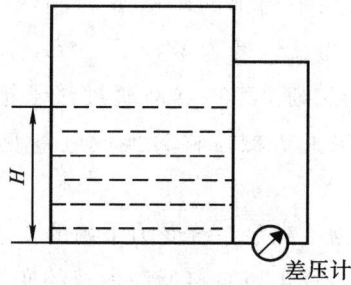

图 7-2 差压式液位计工作原理图

差压式液位测量无机械磨损、工作可靠、结构简单、稳定性好、体积小,适合大多数常温常压的场合。差压液位计有单法兰差压液位计和双法兰差压液位计。单法兰液位测量一般应用于敞口容器的液位检测;双法兰液位测量一般应用于密封容器液位检测,常用于检测量程比较大的高塔、罐的液位。

7.1.3 电阻式测量法

电阻式液位计的测量原理是液位变化引起电极间电阻变化,由电阻变化反映液位情况。图 7-3 为电阻式液位计工作原理图,两根电极由两根材料、截面积相同的具有大电阻率的电阻棒组成,电阻棒两端固定并与容器绝缘。整个传感器电阻为

$$R = \frac{2\rho}{A}(H - h) = \frac{2\rho}{A}H - \frac{2\rho}{A}h = K_1 - K_2 h \tag{7-5}$$

式中:H、h 分别为电阻棒全长及液位高度,m;ρ 为电阻棒的电阻率,$\Omega \cdot$m;A 为电阻棒的截面积,m^2。

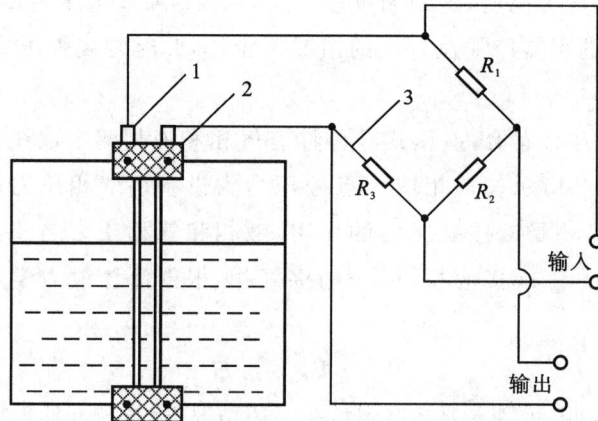

1—电阻棒;2—绝缘套;3—测量电桥。

图 7-3 电阻式液位计工作原理图

该传感器的材料、结构与尺寸确定后,K_1、K_2 均为常数,电阻大小与液位高度成正比。电阻的测量可用图中的电桥电路完成。

电阻式液位计结构和线路简单,测量准确,通过在与测量臂相邻的桥臂中串接温度补偿电阻可以消除温度变化对测量的影响。但极棒表面易生锈、极化,介质腐蚀影响电阻棒电阻的大小,这些都会使测量精度受到影响。

电阻式液位计主要有两类:一类是电接点液位计,它根据液体与蒸汽之间导电特性(电阻值)的差异进行液位测量,适用于变参数运行工况的液位测量,但是,由于其输出信号是非连续的,因此不能用于液位连续测量;另一类是热电阻液位计,它利用液体和蒸汽对热敏材料传热特性不同而引起热敏电阻变化的现象进行液位测量。

7.1.4　电容式测量法

电容式液位计利用液位高低变化影响电容器电容量大小的原理进行测量。由于任何一种液体和其蒸汽的介电常数是不同的,因此电容器在液体或蒸汽中的电容值也就不同,根据电容值的变化大小即可确定液面的高低,这就是电容式液位计的基本原理。

电容式液位计测量原理如图 7-4 所示,图中半径分别为 R 和 r、高度为 H 的两个圆筒形金属体处于电场中,两圆筒间充进介电常数为 ε_1 的气体,则两圆筒间的电容量 C_1 为

$$C_1 = \frac{2\pi\varepsilon_1}{\ln\dfrac{R}{r}}H \tag{7-6}$$

如果电极的一部分被介电常数为 ε_2 的液体所浸没,其浸没高度为 h,电容器可视为两部分电容的并联组合,则此时电容器的电容量为

$$C = \frac{2\pi\varepsilon_1}{\ln\dfrac{R}{r}}(H-h) + \frac{2\pi\varepsilon_2}{\ln\dfrac{R}{r}}h = \frac{2\pi\varepsilon_1}{\ln\dfrac{R}{r}}H + \frac{2\pi(\varepsilon_2-\varepsilon_1)}{\ln\dfrac{R}{r}}h = C_1 + \Delta C \tag{7-7}$$

$$\Delta C = \frac{2\pi(\varepsilon_2-\varepsilon_1)}{\ln\dfrac{R}{r}}h = Kh \tag{7-8}$$

从式(7-8)可知,当介电常数 ε_1 和 ε_2 保持不变时,电容的增量 ΔC 与电极被液体浸没的高度 h 成正比。因此,只要测量出电容增量 ΔC,就可以知道相应的液位高度 h。

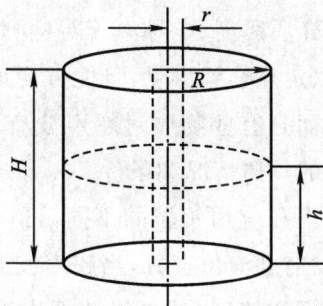

图 7-4　电容式液位计工作原理图

电容式液位计适用于各种导电或非导电液体的液位测量,结构简单、精确度高、动态响

应快、应用范围较广。但测量时要求被测介质的介电常数与空气介电常数差别大,且由于在电容量的检测中使用高频电路,对信号传输时的屏蔽要求较高。电容式液位计由于本身结构、尺寸及测量对象的介电常数等限制,电容量通常都很小,采用直接测量都较为困难,需要通过电子线路的放大和转换后才能显示和远距离传输。

7.1.5 超声波测量法

超声波液位计是由微处理器控制的液位数字仪表。测量中超声波脉冲由传感器发出,声波经液体表面反射后被同一传感器接收,通过压电晶体或磁致伸缩器件转换成电信号,由声波从发送和接收之间的时间来计算传感器到被测液体表面的距离。超声波液位计采用非接触测量,对被测介质几乎没有限制,可广泛用于液体、固体物料高度的测量。

如图7-5所示,探头固定安装在液面观测点上方,垂直对准液面向液面发射超声波,超声波到达液面后部分能量经液面反射,被探头接收,仪表记下这段时间 t,t 的测量一般是用接收到的信号触发门电路对振荡器的脉冲进行计数来实现的;探头内部安装有温度传感器,根据超声波的传播速度和时间 t,经过温度补偿计算出水面到探头的距离 L。由图看出,超声波传播距离为 L,波的传播速度为 C,传播时间为 t,则

$$L = \frac{1}{2}Ct \tag{7-9}$$

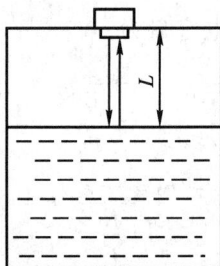

图7-5 超声波液位计工作原理图

超声波液位计的优点是与介质不接触,运行稳定可靠,不易受液体的黏度、密度等影响;超声波传播速度比较稳定,光线、介质黏度、电导率等对检测几乎无影响,适用于腐蚀性或高黏度等特殊场合的液位测量;可以定点连续测量,且能方便地提供遥测或遥控信号。但超声波仪器结构复杂,价格相对昂贵,而且有些物质对超声波有强烈吸收作用,选用测量方法和测量仪器时要充分考虑液位测量的具体情况和条件。

超声波液位计根据其工作原理和应用领域的不同,可以将其分为以下几类。①反射式超声液位计:该液位计将超声波发射到液位上方,当超声波遇到液面时会反射回来并被接收器感知。通过计算超声波往返时间和速度,就可以计算出液位高度。反射式超声波液位计适用于大型液体储罐和容器的液位测量。②直接式超声波液位计:该液位计直接将超声波发射到液体中进行测量,不需要液体反射,因此对液体的稳定性和黏度要求较高。直接式超

声波液位计常用于小型液体容器的液位测量。③浮子式超声波液位计：该液位计是通过将超声波发射到液面下方的浮子上，通过测量浮子的位置来计算液位高度的。浮子式超声波液位计适用于液位变化较大的流体测量。

7.1.6　信号处理及显示

1. 信号处理

在进行液位测量时传感器输出的信号一般为电信号，信号处理电路一般集成在变送器内，对传感器的输出信号进行各种形式的处理，如放大、滤波、调制等，将信号调制成能被数据采集系统接收或能驱动显示记录设备的标准信号。

浮子（球）式液位变送器的导管内装有测量元件，它可以在外磁作用下将被测液位信号转换成正比于液位变化的电阻信号，经转换器转换成 4～20 mA 或其他标准信号输出；差压式液位变送器一般选用硅压力测压传感器，将测量到的压力转换成电信号，之后再经放大电路放大和补偿电路补偿，最后以 4～20 mA 或 0～10 mA 电流方式输出；电容式液位变送器由电容式传感器与电子模块电路组成，它以两线制 4～20 mA 恒定电流输出为基型，经过转换，可以用三线或四线方式输出，输出信号形成为 1～5 V、0～5 V、0～10 mA 等标准信号。

2. 信号显示

从液位变送器输出的标准电信号被送至显示记录设备，实验中一般使用液位显示仪或计算机作为显示设备。当使用液位显示仪显示时，标准电信号被传送到液位显示仪的信号处理单元进行处理，信号处理单元根据预设的范围和特定算法将标准电信号转化为液位高度的数值数据，实时数值在液晶显示屏或数码显示器上显示，方便实验者直观地读取液位的高低；当使用计算机显示时，数据采集卡采集液位变送器输出的标准电信号，经过模/数转换后将数据传输到计算机，然后通过数据处理软件进行处理分析及显示。

7.2　液位测量实验

7.2.1　实验一　差压式液位测量实验

1. 实验目的

(1)了解差压式液位变送器的工作原理；

(2)掌握差压式液位变送器零点、量程的调校；

(3)掌握差压式液位测量方法。

2. 实验原理

在生产中，压力、差压是出现最频繁的测控参数之一，且与工业、农业、国防、航天、环保、交通等领域密切相关。差压变送器不仅用于压力测量,还常用于液位的测量。

差压变送器能将某一点的压力或两点的压差转变为4～20 mA的直流电流或1～5 V电压输出,然后送到显示装置对被测参数进行显示,可以用来测量压力、压差、液位等参数。测量液位时差压变送器又被称为差压式液位变送器。

本实验中根据差压式液位变送器正常工作时的输出4～20 mA,设定水箱液位为零时,差压式液位计的输出为4 mA;水箱水位为满量程(400 mm)时,差压式液位计的输出为20 mA。根据这一原理测量容器的液位。

3.实验仪表及设备

实验设备包括储水箱、水泵、水箱、差压式液位变送器(SWP－T20G)、显示仪表(SWP－S40)和万用表(或电压表)等,图7－6为实验设备示意图。图中I/V表示电流/电压转换器,完成变送器信号(4～20 mA)到电压的转换。

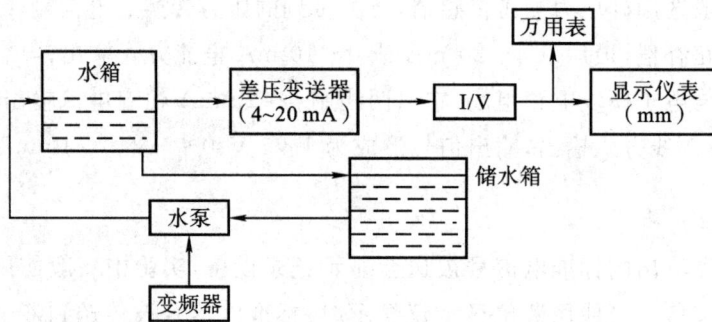

图7－6 差压式液位测量实验设备示意图

4.实验方法及步骤

(1)接通实验台总电源;

(2)在水位零点,进行变送器零点调整;

(3)进行满量程调整,设定水箱上限水位,在该水位时,差压式液位计的输出为对应的上限;由于满量程调整会影响零点,因此应反复进行零点、满量程调整,直到满足要求为止;

(4)调整水箱上水速度,使水箱的水位缓慢上升,记录相应水位时的输出值;

(5)正行程后,对目标水箱缓慢放水,进行反行程实验,记录各设定点的实验数据;

(6)实验完毕后关闭实验台总电源。

5.实验数据记录及处理

(1)数据的记录,如表7－1所示(水位根据所用设备不同,可灵活设定)。

表 7-1　差压式液位测量实验数据

参数	水位/mm								
	0	50	100	150	200	250	300	350	400
实际输出/V（正行程）									
实际输出/V（反行程）									
理论输出/V									
实际平均输出/V									
正行误差 $\Delta_{正}$									
反行误差 $\Delta_{反}$									
变差/V									

(2)根据上表,推测系统的测量精度,并绘制对应的输入-输出特性曲线和理论拟合直线(正行程、反行程、理论、实际平均),并求出各曲线函数关系式;计算线性度误差、仪表变差;根据上下限对应点,推导液位和差压式液位变送器输出(电压)的对应数学关系式。

①线性度误差 $\delta_{线} = \dfrac{\Delta_{\max}}{x_{上} - x_{下}} \times 100\%$;

②仪表变差 $= \dfrac{最大绝对差值}{量程范围} \times 100\%$;

③推导出液位-电压函数关系式。

6. 实验注意事项

(1)正、反行程测量时,必须使液位高度做全行程单方向上升或下降;

(2)慢慢开大进水阀和关小出水阀,使液位缓慢上升或下降。当液位达到测量点时,一定等观察稳定后再读数记录,以减小测量误差。

7. 实验报告要求

(1)实验报告内容应包括实验目的、实验设备、实验原理、实验数据及处理等;

(2)要求利用 Excel 或其他数据处理软件进行实验数据处理,并拟合曲线方程。

8. 思考题

(1)根据实验数据分析误差产生的原因;

(2)根据实验操作过程,讨论如何才能缩小实验中产生的误差;

(3)比较封闭容器和敞口容器的液位测量的不同之处。

7.2.2　实验二　电阻式液位测量实验

1.实验目的

(1)了解电接点液位计的工作原理;

(2)了解电接点液位计的组成;

(3)掌握电阻式液位测量方法。

2.实验原理

电接点液位计是一种常用的液位检测设备,由于其结构简单、可靠性高,广泛应用于工业、城市供水、石油化工等领域。

电接点液位计是根据汽和水的电导率不同来测量液位的。当被测容器内液位上升时,液体会接触到电极,形成导电通路,电阻值会减小;而当液位下降时,液体与电极之间的接触会减少,导致电阻值增大。随着液位的变化,电极在水中的数量产生变化,转换成电阻值的变化,传送到二次仪表,从而实现液位的显示、报警、保护联锁等功能。

3.实验仪表及设备

实验设备包括被测容器、电接点液位计和万用表或电阻测试仪。电接点液位计主要由测量筒、电接点(电极)、二次仪表(液位显示仪表)、电源等几部分构成,如图7-7所示,电接点装在液位测量筒上,电极芯与测量筒外壳之间需有良好的绝缘。

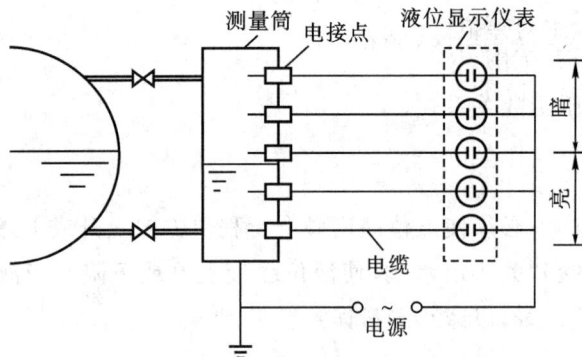

图7-7　电阻式液位测量实验系统构成图

由于水的电导率大(电阻值小),当电接点被水淹没时,电极芯与测量筒外壳之间短路,有电流通过液位显示仪表中对应的回路,则对应的液位显示灯亮,反映出被测容器内的水位。而处于蒸汽中的电极,由于蒸汽的电导率小(电阻值大),所以电路不通,则液位显示灯不亮。因此,可利用液位显示仪表中亮灯的数量来反映液位的高低。

4. 实验方法及步骤

(1)接通实验装置的电源,仪表开始自检,自检完成后进入工作状态;

(2)在进行参数设置前,应先将二次仪表后面板的"设置有效"端子短接线断开,允许改写参数;

(3)系统自动进入运行状态后,在运行状态下按"设置键",系统进入功能菜单操作状态,在此状态下按照液位计使用说明书进行各种功能设定;在功能菜单状态下按"运行"键,系统进入正常运行状态;

(4)参数设置完成后,必须将二次仪表后面板的"设置有效"两端子重新短接,禁止参数改写,以保证系统稳定运行;

(5)读取液位显示仪表的数据并记录;

(6)使用万用表或电阻测试仪,选择合适的测量范围,并将测量探头与电接点水位计的两个电极或接点连接起来,读取并记录测量结果,即电接点液位计所对应的电阻值;

(7)使液位缓慢上升,记录相应的液位值和电阻值;

(8)正行程后,对被测容器缓慢放水,进行反行程实验,记录各设定点的实验数据;

(9)实验完毕后关闭实验装置电源。

5. 实验数据记录及处理

(1)数据的记录,如表 7-2 所示(液位根据所用设备不同,可灵活设定)。

表 7-2 电阻式液位测量实验数据

参数	设定水位/mm						
	0	100	200	300	400	500	600
测量水位/mm							
电阻值/Ω(正行程)							
电阻值/Ω(反行程)							

(2)根据上表数据,拟合液位和电接点液位计输出(电阻)的关系曲线。

6. 实验注意事项

(1)正、反行程测量时,必须使液位高度做全行程单方向上升或下降;

(2)当液位达到测量点时,一定等观察稳定后再读数记录,以减小测量误差;

(3)在测量时,需要断开或接通相应的电源线路以触发电接点水位计的工作。

7. 实验报告要求

(1)实验报告内容应包括实验目的、实验设备、实验原理、实验数据及处理等;

(2)要求利用 Excel 或其他数据处理软件进行实验数据处理,并拟合曲线方程。

8. 思考题

(1)分析电接点液位计测量液位时产生误差的原因,讨论如何减少误差;

(2)电接点液位计有哪些优缺点?

7.2.3 实验三 电容式液位测量实验

1. 实验目的

(1)了解电容式液位计的工作原理;

(2)掌握电容式液位计的性能特点;

(3)掌握电容式液位测量方法。

2. 实验原理

电容式液位计是利用测量电极之间电容的变化来测量液位高低的。在测量时,将电容式液位计的金属棒深入被测容器的液体中,金属棒作为电容器的一个极板,容器壁作为电容器的另一个极板(若被测容器壁为绝缘材料,则应选择有参考电极的液位计,由金属棒和参考电极构成电容器)。两电极间的介质即为液体及其上面的气体。由于液体的介电常数 ε_1 和气体的介电常数 ε_2 不同,假设 $\varepsilon_1 > \varepsilon_2$,则当液位升高时,两电极间总的介电常数随之加大因而电容量增大,反之当液位下降时,总的介电常数 ε 减小因而电容量减小。通过测量电容值的变化,可以准确地确定液位的高低。常见介质的典型介电常数如表 7 - 3 所示。

表 7 - 3　典型介电常数

序号	介质	介电常数
1	空气	1
2	常规液化气体	1.2～1.7
3	汽油	1.9
4	石油	2～4
5	甲醇	11
6	乙醇	25
7	甘油	37
8	水	81

3. 实验仪表及设备

1）电容式变送器

电容式液位变送器由传感电极、参考电极、电容测量电路和显示部分组成。

（1）传感电极：传感电极是电容式液位变送器中最重要的组成部分，它通常由金属或导电材料制成，具有良好的导电性能，其长度可以根据实际需求进行调整，以适应不同液位的测量。

（2）参考电极：参考电极与传感电极相对而设，用于提供一个固定的电容参考值。通常情况下，参考电极与传感电极之间没有物质存在，以保持一个恒定的电容值。

（3）电容测量电路：电容测量电路是电容式液位计的核心部分。它通过测量电容值的变化来获取液位的信息，通常由电容传感器、放大器、滤波器和模数转换器等组成。

（4）显示部分：电容式液位计还包含一个显示部分，用于将测量到的液位信息转化为可视化的结果。

2）被测容器

被测容器选择带有标准刻度的玻璃容器，玻璃壁为绝缘材料，因此本实验应选择有参考电极的电容式液位计。假如电极被液体浸没的长度为 h，电极板长度为 H，两极板间共有两种介质，分别是介电常数为 ε_2 的空气和介电常数为 ε_1 的被测液体（本实验使用水作为被测液体），由 7.1.4 小节相关知识可知两电极板之间电容量变化为

$$\Delta C = \frac{2\pi(\varepsilon_2 - \varepsilon_1)}{\ln\dfrac{R}{r}}h = Kh \tag{7-10}$$

可以看出，在其他参数为定值的情况下，电容式液位计的电容变化只与液位高度 h 有关。

3）计算机

电容式变送器通过测量电容的变化来确定被测液位的大小，它将电容的变化转换成 4～20 mA 的电流信号输出。数据采集卡采集电流信号，经过模/数转换后将数据传输到计算机，使用 LabVIEW 软件程序记录和显示电流和液位数值变化。

4. 实验方法及步骤

（1）打开电源，启动电容式液位变送器、计算机及 LabVIEW 程序；

（2）根据电容式液位变送器使用说明，调整传感器的灵敏度和校准参数，使其适应所使用的液体和测量范围；

（3）将实验液体缓慢注入容器中，当液面稳定在设定高度时，同时记录电流值和液位值；

（4）定量改变液位的高度，记录相应的实验数据；

（5）实验完毕后关掉电源。

5. 实验数据记录及处理

(1)数据的记录,如表 7 - 4 所示。

表 7 - 4　电容式液位测量实验数据

序号	标准液位/cm	电流值/mA	测量液位/cm	序号	标准液位/cm	电流值/mA	测量液位/cm
1	0			7	400		
2	100			8	300		
3	200			9	200		
4	300			10	100		
5	400			11	0		
6	500						

(2)根据上表,绘制电流-液位的曲线关系图。

(3)将步骤(2)绘制的曲线关系图与电流-液位标准曲线关系图进行比较,得到其偏差图,对其偏差进行分析。

6. 实验注意事项

(1)正、反行程测量时,必须使液位高度做全行程单方向上升或下降;

(2)当液位达到测量点时,一定等观察稳定后再读数记录,以减小测量误差;

(3)电容式液位变送器在正常工作时,禁止探极线(电极)在容器内大幅度摆动,否则会导致信号不稳定。

7. 实验报告要求

(1)实验报告内容应包括实验目的、实验设备、实验原理、实验数据等;

(2)计算测量误差,绘制电流-液位的关系曲线图,并与标准曲线图比较分析。

8. 思考题

(1)分析电容式液位变送器测量液位时产生误差的原因,以及如何减少误差;

(2)电容式液位变送器有哪些优缺点?

7.2.4　实验四　超声波式液位测量实验

1. 实验目的

(1)了解超声波式液位计的组成、结构及工作原理;

（2）熟悉超声波式液位计的使用方法；

（3）了解超声波式液位计的测量盲区。

2. 实验原理

超声波式液位计由传感器（发射器和接收器）、处理器和显示屏/输出设备组成。液位测量实验系统如图 7 - 8 所示，脉冲超声波由传感器发射探头发出，声波经液体表面反射后被同一传感器的接收探头接收，通过压电晶体转换成电信号，并由声波的发射和接收之间的时间来计算传感器到被测液体表面的距离。其计算公式如下所示：

$$h = H - L = H - Ct/2 \qquad\qquad (7-11)$$

式中：波的传播速度为 C，传播时间为 t。

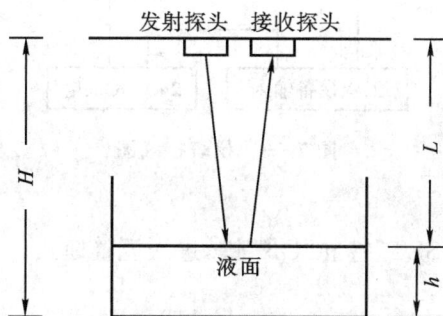

图 7 - 8　超声波式液位测量实验系统示意图

由于发射的超声波脉冲有一定的宽度，使得距离传感器较近的小段区域内的反射波与发射波重叠，无法识别，不能测量其距离值，这个区域称为测量盲区。

3. 实验仪表及设备

（1）超声波式液位计 KDY - 33/SZ；

（2）稳压电源，24VDC；

（3）带有标准刻度的玻璃容器；

（4）电流表，精度为 0.5 级。

4. 实验方法及步骤

1）观察超声波式液位计外部结构

（1）记录：

型号＿＿＿＿＿＿＿＿　　测量范围＿＿＿＿＿＿＿＿＿　　精度＿＿＿＿＿＿＿＿

供电电源＿＿＿＿＿＿＿　　输出信号＿＿＿＿＿＿＿＿

（2）打开仪表盖，详细观察面板布局。面板上包括接线端子、显示屏和按键。按键包括上翻键（数字更改键）、下翻键（移位键）、SET 键和 OK 键（确认键）。

2)设置超声波液位计

(1)仪表接线。

按照图 7-9 接线。仔细检查 24VDC 电源、电流表及超声波式液位计的正负极性,检查接线无误后通电。

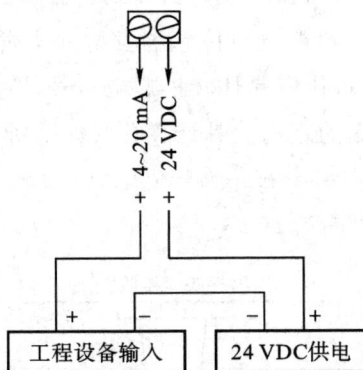

图 7-9　仪表接线图

(2)参数设置。

仪表通电后,同时按下"SET"键和"OK"键,进入设置模式。

①设置测量参数。

在设置模式下,可以使用"上翻"和"下翻"键来选择不同的设置项,包括量程、单位、小数点等,根据需要调整各项参数,确认后按下"确认"键保存设置。

②设置报警参数。

在设置模式下,可以使用"上翻"和"下翻"键来选择不同的报警项,包括高低液位报警、故障报警等,根据需要设置各项报警参数,确认后按下"OK"键保存设置。

③液位标定。

仪表通电后,显示屏上会显示液位数值,而该数据往往与实际液位不符,故需要液位标定。按"SET"键进入参数设置菜单,按"OK"键进行液位标定,用"下翻"键和"上翻"键将数字改为实际液位值(如 1.000),按"OK"键确认,再按"SET"键设置菜单,此时液晶第一行显示"————"第二行显示"1.000",表示仪表正在进行液位标定(此时不能移动仪表、不能断电)。当液晶第一行显示"1.000"时,表示仪表液位标定完毕。

3) 超声波式液位计测量液位

(1)将稳压电源与超声波式液位计连接,以提供发射器和接收器的工作电压,电流表与超声波式液位计连接,以显示输出的标准电流信号;

(2)固定超声波式液位计,使探头与液面垂直。按步骤 2)设置参数;

(3)将实验液体缓慢注入容器中,当液面稳定在设定高度时,同时记录电流值和液位值;

(4)定量改变液位的高度,记录相应的实验数据;

(5)实验完毕后关掉电源。

表 7 - 5 超声波式液位测量实验数据

序号	标准液位 /cm	电流值 /mA	测量液位 /cm	序号	标准液位 /cm	电流值 /mA	测量液位 /cm
1	0			6	300		
2	100			7	200		
3	200			8	100		
4	300			9	0		
5	400						

5. 实验注意事项

(1) 安装固定超声波式液位计时, 应使最高液位与探头间距大于盲区, 如盲区为 0.3 m, 则液位与探头间距必须大于 0.3 m;

(2) 等液位稳定后再读数记录, 以减小测量误差;

(3) 实验时应避开盲区进行测量。

6. 实验报告要求

(1) 实验报告内容应包括实验目的、实验设备、实验原理、实验数据等;

(2) 总结超声波式液位计的工作原理、特点、使用条件;

(3) 计算测量误差, 绘制电流-液位的关系曲线图, 并与标准曲线图比较分析。

7. 思考题

(1) 超声波传播速度与超声波式液位计的测量精度是否有关? 分析补偿办法。

(2) 什么是超声波式液位计的盲区? 分析超声波式液位计产生盲区的原因。

第 8 章

功率测量

8.1 功率测量方法

功率是表征机械和动力机械性能的一个参数,对不同的机械,其功率的含义不同。如机床的功率是指切削功率,即各切削分力消耗功率的总和;内燃机和涡轮机的功率是指单位时间发出的功;压缩机和风机的功率是指单位时间所吸收的功。功率的测定方法应根据具体的实验对象来确定。

发电装置往往通过测量电机的电功率来确定其输出功率(单位为 W),即

$$N_e = KIU \qquad (8-1)$$

式中:K 为功率系数;I 为输出电流,A;U 为输出电压,V。

机床等加工机械切削功率(单位为 kW)的测量则通过切削力 F_z 和切削速度 v 的乘积而获得,即

$$N_e = \frac{F_z v}{6 \times 10^4} \qquad (8-2)$$

式中:F_z 为切削力,N;v 为切削线速度,m/min。

切削力可通过测力仪测出,如机械式测力仪、油压式测力仪和电测力仪等。目前使用较多的是电测力仪,如电阻应变式、电压式和电容式测力仪等。

对于大多数以轴作为输入和输出装置的动力机械来说,其轴功率(单位为 kW)一般由输出扭矩 M_e 和角速度 ω 的乘积获得。即

$$N_e = M_e \omega = \frac{2\pi M_e n}{6 \times 10^4} \qquad (8-3)$$

式中:M_e 为扭矩,N·m;ω 为角速度,rad/s;n 为转速,r/min。

转速的测量可采用第 6 章所述的各种转速测量方式进行,扭矩的测量则要通过扭矩传感器或测功器进行。

8.1.1 扭矩测量

目前,扭矩主要通过扭矩传感器或测功器进行测量。

　　扭矩传感器是利用测量轴、特制的联轴器或实际传动轴等传递扭矩的零件,通过测量其在扭矩的作用下所产生的扭转变形来测量扭矩。

　　由材料力学可知,轴在受到扭矩作用时的扭转角 ψ 或剪切力 τ 与它所传递的扭矩有线性关系:

$$\psi = \frac{M_{e}l}{GI_{p}} = \frac{32M_{e}l}{\pi d^{4}G} = K_{1}M_{e} \tag{8-4}$$

$$\tau = \frac{M_{e}d}{2I_{p}} = \frac{16M_{e}}{\pi d^{3}} = K_{2}M_{e} \tag{8-5}$$

式中: ψ 为受扭轴段两截面相对扭转角; K_{1}、K_{2} 为常数; M_{e} 为转轴所受的扭矩; G 为剪切模量; I_{p} 为极惯性矩; d 为轴外径; l 为受扭轴段的长度。

　　从式(8-4)可知,只要测得相距为 l 的两截面之间的相对扭转角 ψ,就可得到作用在轴上的扭矩;从式(8-5)可知,只要测得轴表面的剪切力 τ,便可得到作用在轴上的扭矩。

　　现有的测量扭矩的传感器按其所测量的参数分为两大类,即剪切力或剪应变式与相对转角式,具体如图 8-1 所示。目前,我国应用最广的扭矩传感器是相位差式、电阻应变式。

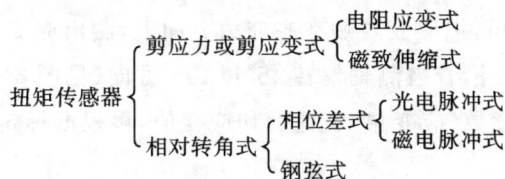

图 8-1　扭矩传感器的分类

　　测功器是根据作用力矩和反作用力矩大小相等、方向相反的原理来测量扭矩的。测功器还可为被测机的动力输出提供负载,吸收被测机输出的机械能,并将其转换为其他形式的能量。发动机的输出扭矩一般用吸收式测功器来测量,常用的吸收式测功器有水力测功器、电力测功器和电涡流测功器。

1. 相位差式扭矩传感器

　　相位差式扭矩传感器是利用中间轴在弹性变形范围内,其相隔一定长度的两截面上所产生扭转角的相位差 $\Delta\theta$ 与扭矩 M_{e} 成正比的原理制造的,其工作原理如图 8-2 所示。在转轴 1 相距 l 的两截面上,装有两个构造和性能相同的传感器 2 和 3。传感器一般为磁电式或光电式传感器。使用时,轴每转一周,传感器就产生一列脉冲信号,当轴受到扭转而产生变形时,上述两个传感器输出的信号间出现一个相位差 $\Delta\theta$,该相位差 $\Delta\theta$ 与轴段所受扭矩 M_{e} 成正比。使用专用电子测量电路即可精确测得这个相位差 $\Delta\theta$,从而获得扭矩值。

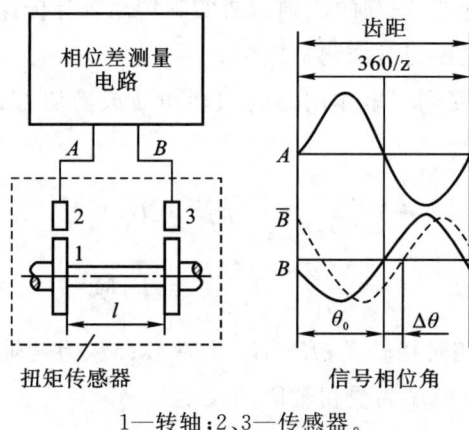

1—转轴;2、3—传感器。

图 8-2 相位差式扭矩传感器工作原理图

2. 应变式扭矩传感器

应变式扭矩传感器是利用应变片将由扭矩产生的剪应变转换成电量来进行测量的。当扭矩作用于被测轴时,轴发生扭转变形,最大切应力发生在轴的外圆周面上,两个主应力分别与轴线呈 45°和 135°夹角,把应变片贴在主应力方向上,测出应变值,从而测出扭矩。

从工作原理来看,只要沿着被测轴偏转 45°和 135°方向(见图 8-3)并接入应变仪的半桥工作电路中,则应变仪的读数(应变量)就是剪切应变值,再根据标定曲线就可换算得到被测轴扭转值。

应变式扭矩传感器不仅普遍应用于各机械实验室,而且由于被测机械的结构可以不做或少做变动,且能承受复杂环境条件,所以应变扭矩测量仪也可用于现场测试。

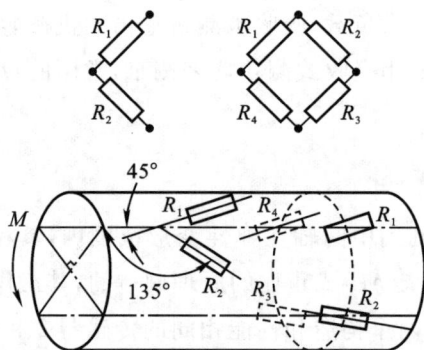

图 8-3 应变式扭矩传感器贴片方式

3. 电涡流测功器

电涡流测功器主要由旋转部分(感应盘)、摆动部分(电枢和励磁部分)、测力部分和矫正部分组成。其结构简图如图 8-4 所示。

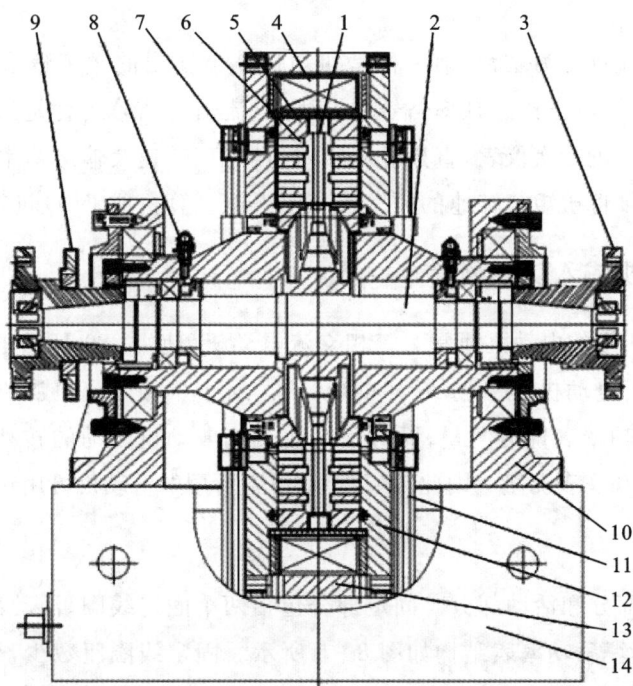

1—感应盘;2—主轴;3—联轴器;4—励磁线圈;5—冷却器;6—气隙;7—出水管道;
8—油杯;9—测速齿轮;10—轴承座;11—进水管道;12—支撑环;13—外环;14—管道。

图 8-4　电涡流测功器结构简图

由图 8-4 可知,当与转子同轴装配的励磁线圈通有直流电时,其产生的磁通经过电枢体、涡流环、气隙和转子形成闭合回路。由于转子外圆面被制成均匀的齿和槽,故在气隙和电枢体或涡流环内表面上任意一点的磁场产生交变变化,由此感应出"涡流"。由于"涡流"和磁场的耦合作用,转子上产生制动力矩而在电枢体上产生与拖动力矩相同的力矩,并经过装在电枢体的力传感器检测出来。动力机输出的功率被转化成电枢体或涡流环上"涡流"产生的等值发热量,该热量由进入电枢体内表面或涡流环冷却水槽中被持续不断的冷却水带走。

4. 信号处理及显示

1) 信号处理

传感器输出的扭矩信号通常是模拟信号,需要经过信号处理电路转化为数字信号,以便测量和控制。信号处理电路主要包括放大电路、滤波电路和 A/D 转换电路。传感器输出信号波形通常有两种类型:正弦波和方波。

在正弦波信号波形中,所观测到的扭矩值随时间呈现出周期性的变化,振幅随所测量的扭矩大小的改变而相应改变,通常可以通过测量峰值电压或均方根电压来估算扭矩大小。在方波信号波形中,扭矩传感器输出的信号呈现为一系列矩形脉冲。方波波形的周期、占空比以及上升和下降沿的时间与所测量的扭矩大小有关,可以通过测量脉冲的宽度和幅值来计算扭矩值。

2)信号显示

扭矩信号显示大致分为三种,第一种是扭矩传感器输出的频率信号发送至频率计或数字表,直接读取与扭矩成正比的频率信号或电压、电流信号。第二种是扭矩传感器的扭矩与频率信号发送至单片机二次仪表,直接显示实时扭矩值、转速及输出功率值及 RS232 通信信号。第三种就是直接将扭矩与转速的频率信号发送至计算机或 PLD 进行处理。

8.1.2 电动机输入功率测量

驱动转动设备所用的电动机通常为三相交流电动机(使用 380 V 的电压),有些微小转动设备也采用单相交流电动机(使用 220 V 的电压)。对于单相交流电源驱动的设备功率的测量,仅使用一只单相功率表即可测量;而对于工业交流电动机驱动的转动设备输入功率的测量,通常用两只单相功率表测量。因此,驱动转动设备所用的电动机可用功率表直接测量。

1. 功率表结构

功率表分固定部分和活动部分。固定部分包括两个固定线圈,活动部分包括可动线圈、指针、阻尼翼片、游丝等,功率表结构如图 8-5 所示。固定线圈匝数少,导线粗,用作电流线圈与负载串联,线圈中通过的电流就是负载电流 I_1。可动线圈匝数多,导线细,串联附加电阻后与负载并联,可动线圈承受的电压近似为负载电压 U。

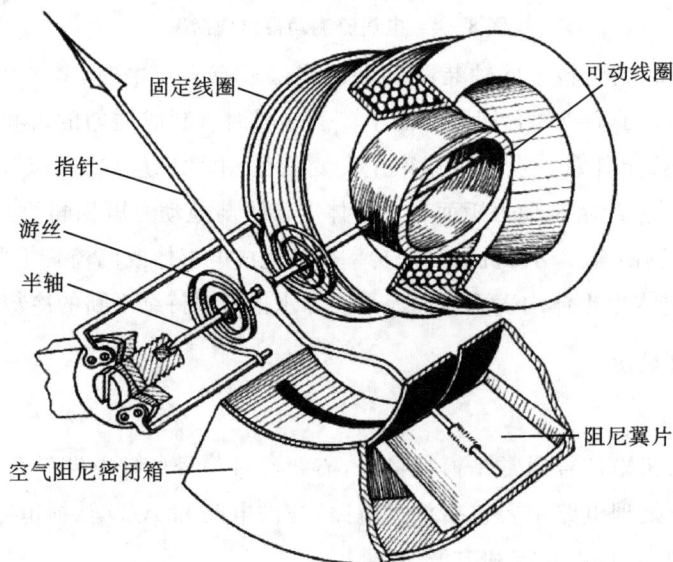

图 8-5 功率表结构

2. 功率表工作原理

功率表根据通电固定线圈与通电可动线圈相互作用产生转动力矩的原理进行工作,具体如图 8-6 所示,线路中通电后,固定线圈中的电流 I_1 产生磁场。可动线圈中的电流 I_2 与磁场相互作用产生电磁力 F,从而使可动线圈受到转动力矩 M 的作用,可动线圈和指针转动。

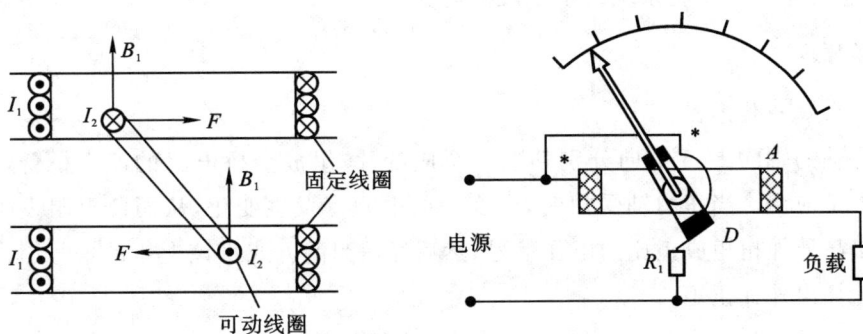

图 8-6　功率表工作原理图

当功率表测量直流电时,可动线圈受到的转动力矩 M 与通过两线圈的电流 I_1、I_2 的乘积成正比,即

$$M = K_1 I_1 I_2 \qquad (8-6)$$

当转动力矩 M 与反作用力矩 M_f 相等时,即 $M = M_f$ 时

$$K_1 I_1 I_2 = D\alpha \qquad (8-7)$$

仪表指针的偏转角 α 为

$$\alpha = K I_1 I_2 \qquad (8-8)$$

当功率表测量交流电时,可动线圈受到的转动力矩 M 与通过两线圈的电流 I_1、I_2 的关系为

$$M = K_1 I_1 I_2 \cos\Phi \qquad (8-9)$$

当转动力矩 M 与反作用力矩 M_f 相等时,即 $M = M_f$ 时

$$K_1 I_1 I_2 \cos\Phi = D\alpha \qquad (8-10)$$

仪表指针的偏转角 α 为

$$\alpha = K I_1 I_2 \cos\Phi \qquad (8-11)$$

式中:Φ 为电流 I_1、I_2 之间的相位差。

由式(8-8)、式(8-11)可以看出指针偏转的角度与两电流(交流时,为有效值)的乘积成正比。

8.2　功率测量实验

8.2.1　实验一　扭矩传感器测量发动机功率实验

1. 实验目的

(1)掌握应变式扭矩仪、相位差式扭矩仪的工作原理;

(2)掌握应变式扭矩仪、相位差式扭矩仪测量扭矩的方法;

（3）熟悉功率测量实验系统的组成及搭建。

2. 实验原理

1）应变式扭矩传感器

沿扭力轴的轴向±45°方向分别粘贴 4 个应变片，组成全桥电路的四个桥臂，用以感受同向的最大正应变。当扭力轴受扭时，应变片的电阻率发生变化，从而使电阻发生变化，通过电桥输出与外加扭矩成正比的电压信号，然后经适当的方式将该电压的信号引出，通过处理后便可计算出外加扭矩。

2）相位差式扭矩传感器

在受扭轴的两端各安一个齿轮，对着齿面再各装一个电磁传感器，从传感器上就能感应出两个与动力轴非接触的交流信号。使用测量电路即可精确测得相位差，该相位差与轴段所受扭矩成正比，从而获得扭矩值。

3. 实验仪表及设备

如图 8-7 所示，实验系统主要由电源、电机、HCNJ-101 动态扭矩传感器、JC 系列转矩转速传感器、电涡流制动器、显示仪等组成。

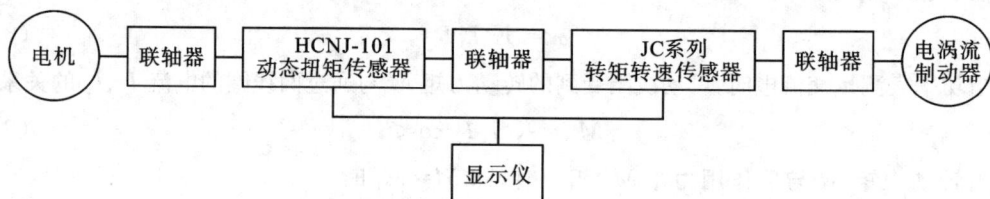

图 8-7 扭矩传感器测量发动机功率实验系统图

1）HCNJ-101 动态扭矩传感器

HCNJ-101 动态扭矩传感器结构见图 8-8，采用应变桥电测技术，用一组环形变压器非接触提供电源，用微功耗信号耦合器代替了环形变压器进行非接触传递信号，有效地克服了电感耦合信号带来的高次谐波自干扰及能源环形变压器对信号环形变压器的相互干扰，同时将输出尖脉冲改成等方波信号。

图 8-8 HCNJ-101 动态扭矩传感器

（1）扭矩测量。

如图 8-9 所示,应变桥供电由设在传感器上的一组环形变压器提供感应电压,经整流、稳压转换成高稳定性的直流电压。该电压既供给应变桥作为桥压,也供给其内部电路作为工作电压。应变桥检测的毫伏级扭矩信号被放大为伏级强信号,经过 V/F 转换器变成正比的方波信号,并发射到外部的信号接收器上,再通过解调还原成与 V/F 转换出的方波同频率的数字信号,其相位差不大于 1 μs,可以忽略不计。

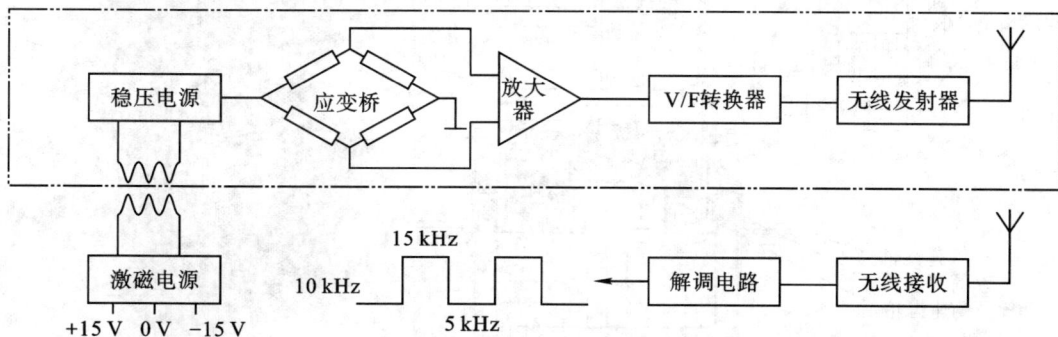

图 8-9　扭矩测量图

（2）转速测量。

如图 8-10 所示,码盘与旋转体集成一体,进行旋转,光电开关通过光电效应、电路处理,输出一个高低电平脉冲信号,脉冲信号与转速成比例,实现了物理量转速到电信号的转化。

图 8-10　转速测量图

2）JC 系列转矩转速传感器

JC 系列转矩转速传感器（结构简图和实物见图 8-11）属于相位差式扭矩传感器,其工作原理:通过弹性轴、两组磁电信号发生器,把被测转矩、转速转换成具有相位差的两组交流电信号,这两组交流电信号的频率相同且与轴的转速成正比,而其相位差的变化部分又与被测转矩成正比。

如图 8-12 所示,在一根弹性轴的两端安装有两只信号齿轮,在两齿轮的上方各装有一组信号线圈,在信号线圈内均装有磁钢,与信号齿轮组成磁电信号发生器。当信号齿轮随弹性轴转动时,由于信号齿轮的齿顶及齿谷交替周期性地扫过磁钢的底部,使气隙磁导产生周期性变化,线圈内部的磁通量亦产生周期性变化,使线圈中感生出近似正弦波的交流电信号。这两组交流电信号的频率相同且与轴的转速成正比,因此可以用来测量转速。这两组交流电信号之间的相位与其安装的相对位置及弹性轴所传递扭矩的大小及方向有关。当弹性轴不受扭时,两组交流电信号之间的相位差只与信号线圈及齿轮安装的相对位置有关,这一相位差一般称为初始相位差,在设计制造时,使其相差半个齿距左右,即两组交流电信号之间的初始相位差在180°左右。在弹性轴受扭时,将产生扭转变形,使两组交流电信号之间的相位差发生变化,在弹性变形范围内,相位差变化的值与转矩的大小成正比。

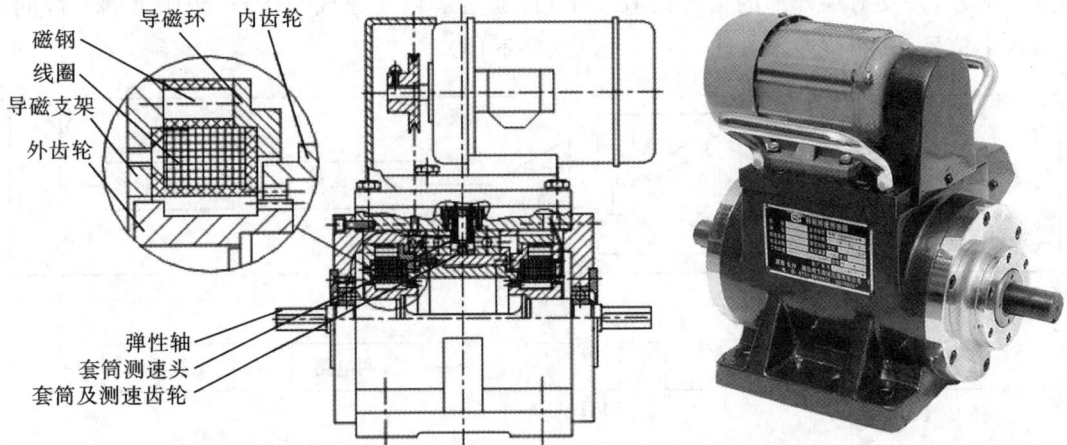

图 8-11 JC 系列转矩转速传感器结构简图和实物图

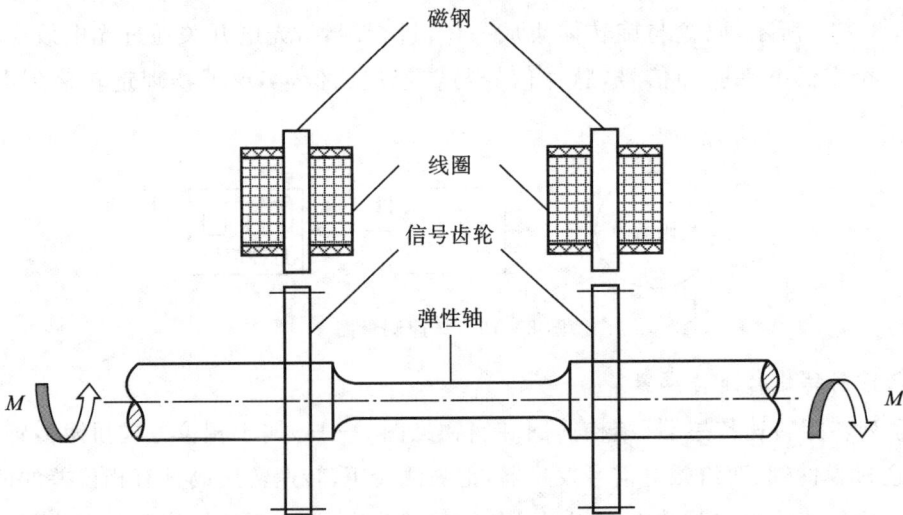

图 8-12 JC 系列转矩转速传感器工作原理图

3)电涡流制动器

实验用电涡流制动器型号为 WZ-5(外观见图 8-13),是一种性能优越的自动控制元件,它利用涡流损耗的原理来吸收功率。以激磁电流为控制手段,达到控制制动转矩的目的,其输出转矩与激磁电流呈良好的线性关系。并具有响应速度快、结构简单等优点。

主要技术参数:输入转速为 200~6000 r/min,额定转矩为 5 N·m,吸收功率为 750 W;

激磁电流小于 5 A。

图 8 – 13 电涡流制动器

4. 实验方法及步骤

(1)接通电源,实验启动;

(2)选择用于检测扭矩的传感器,按下相对应的按钮;

(3)分别将电压调整到 150 V、200 V、250 V,观察波形的变化,在每个电压下,记录两种传感器输出的转速、扭矩波形;

(4)在一个电压下,两种传感器全部测量完毕后,再调节旋钮进行下一个电压下的测量;

(5)实验完毕后,先将电机的电压调为 0,再关闭电源。

5. 实验数据记录及处理

(1)分别画出不同电压下应变式扭矩传感器和相位差式扭矩传感器输出脉冲信号的波形;

(2)根据波形,计算发动机的转速和扭矩,从而计算不同电压下的功率,如表 8 – 1 所示。

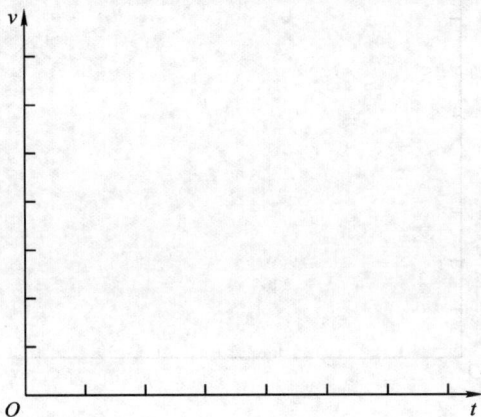

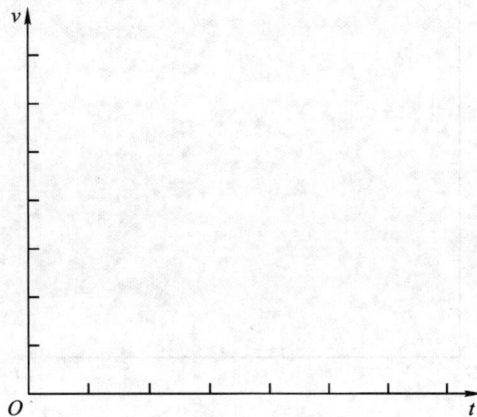

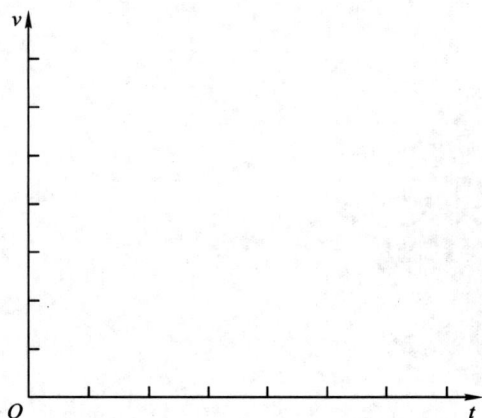

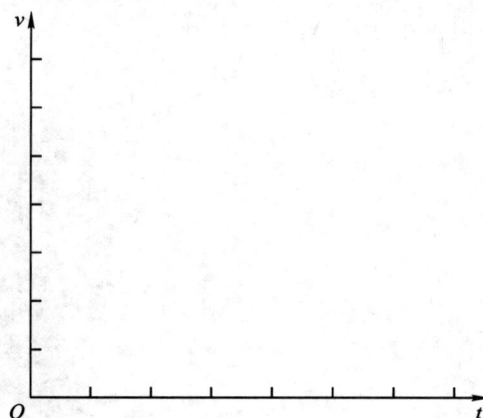

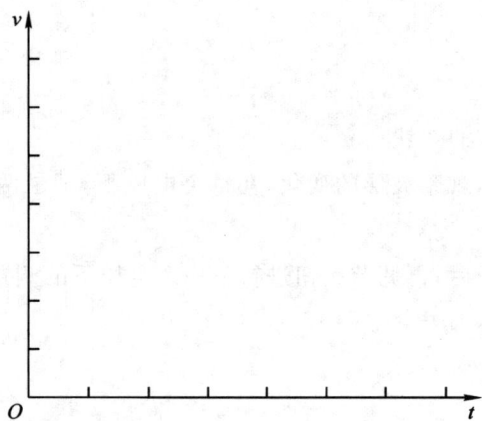

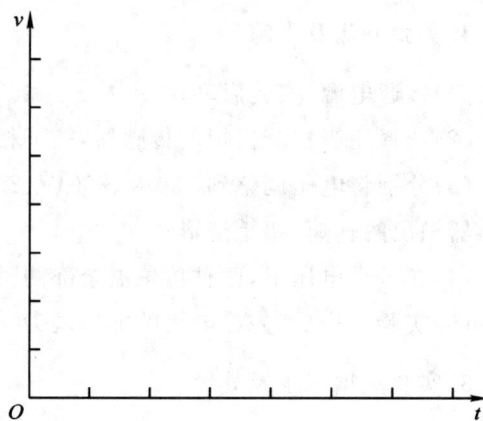

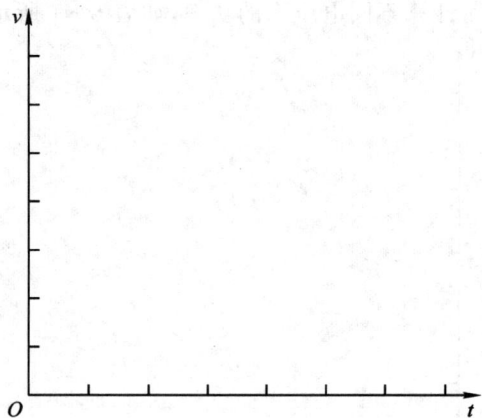

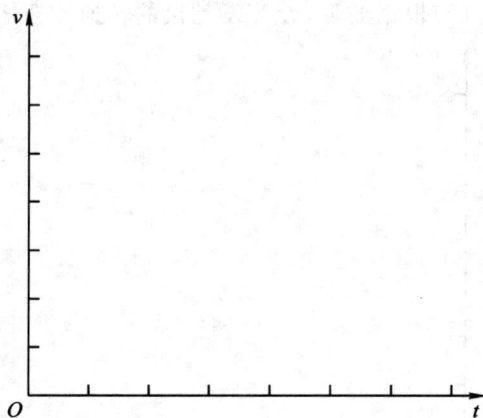

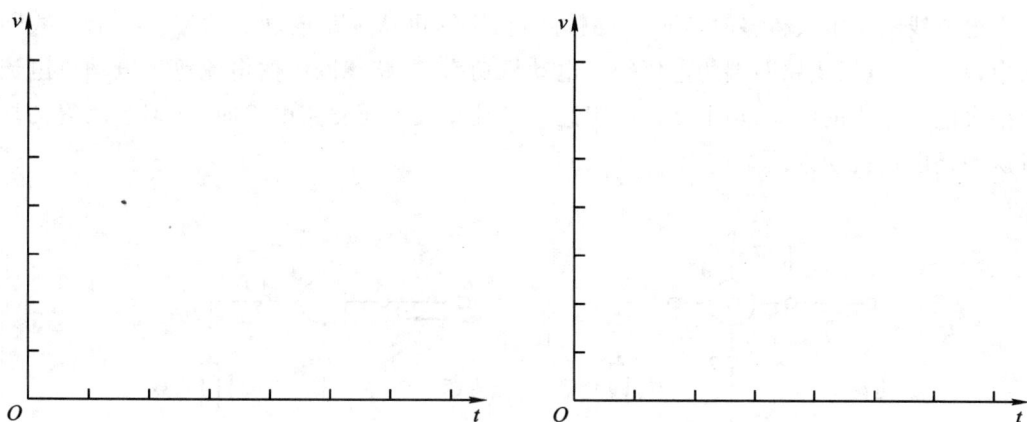

表 8 – 1　实验数据记录及处理

所选扭矩仪：				型号：		
电压/V	HCNJ－101 动态扭矩传感器			JC 系列转矩转速传感器		
	转速/ (r·min⁻¹)	扭矩/ (N·m)	功率/ kW	转速/ (r·min⁻¹)	扭矩/ (N·m)	功率/kW
150						
200						
250						

6. 思考题

(1)实验的测量误差主要来自哪些方面？

(2)两种传感器所测功率为什么会有偏差？

8.2.2　实验二　单相交流电动机的输入功率测量实验

1. 实验目的

(1)了解功率表的工作原理；

(2)了解功率表的组成；

(3)掌握功率表的测量方法。

2. 实验原理

图 8 – 14 为电动机功率测量图。交流电路中负载的功率为 $P=UI\cos\alpha$（α 为负载两端电压与电流的相位差角）。在电压线圈前接法中,功率表电流线圈中的电流等于电动机电流,功率表电压支路两端的电压等于负载电压加上功率表电流线圈的电压降,当电动机电阻比

功率表电流线圈电阻大得多时,功率表测得的功率即可认为是电动机功率。在电压线圈后接法中,功率表电压支路两端的电压等于电动机功率,电路线圈中的电流等于电动机电流加上功率表电压支路的电流,当电动机电阻远小于功率表电压支路电阻时,功率表测得的功率即可认为是电动机功率。

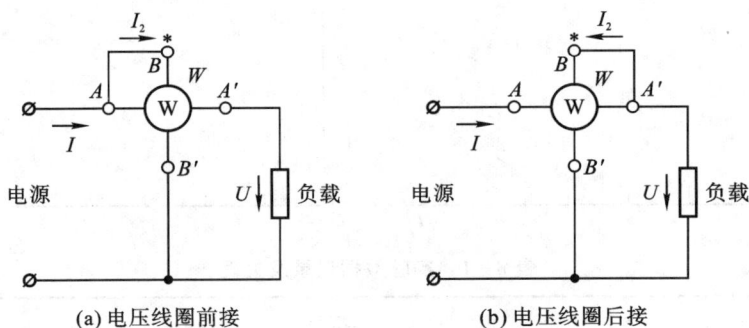

(a) 电压线圈前接   (b) 电压线圈后接

图 8 - 14　电动机功率测量电路图

3. 实验仪表及设备

实验装置采用挂件结构,主要由 HKDY - 1 交流电源控制箱、HKDY - 3 隔离变压器控制箱、HKDY - 4 三相调压模块、实验电机、D64 - W 功率表、HKYB - 3 型智能交流电压表、HKYB - 4 型智能交流电流表、实验导线等组成。

1) HKDY - 1 交流电源控制箱

提供三相固定 380 V 交流电源,380 V 交流电源经空气开关控制后输出至三相调压器以及隔离变压器,面板上设有钥匙开关、启动、停止以及急停按钮,整体设计成独立模块,可以单独使用,便于维修,模块箱后置单相以及三相插座、电源插座。图 8 - 15 为 HKDY - 1 交流电源控制箱图。

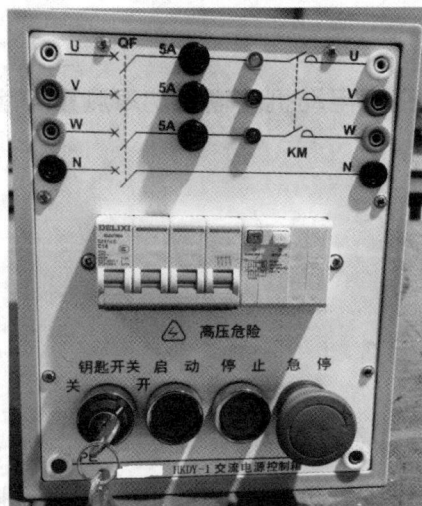

图 8 - 15　HKDY - 1 交流电源控制箱

2）HKDY-3 隔离变压器控制箱

隔离变压器控制箱由隔离变压器及过流保护模块组成（具体见图 8-16），主要起保护、防雷、滤波作用。三相主电路 U、V、W、N 作为隔离变压器的输入，隔离变压器输出为双组电源模块。其中电源组 1：U1、V1、W1、N1 输出线电压为 380 V，电源组 2：U2、V2、W2、N2 输出线电压为 220 V。同时在电源组 2 输出回路中还装有电流互感器，电流互感器可测定主电源输出电流的大小，供电流反馈和过流保护使用，面板上的 TA1、TA2、TA3 三处观测点用于观测三路电流互感器输出电压信号。

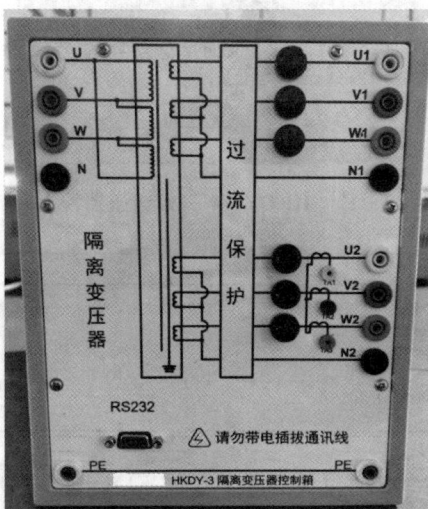

图 8-16　HKDY-3 隔离变压器控制箱

3）HKDY-4 三相调压器控制箱

HKDY-4 三相调压器控制箱配备一台三相同轴联动自耦调压器，规格为 1.5 kVA/0～450 V，可以进行三相 0～380 V 及单相 0～250 V 连续可调交流电源输出，克服了三只单相调压器采用链条结构或齿轮结构组成的许多缺点。三相调压器控制箱配有启动停止按钮，启动后，输出的电压大小由三相调压器的调节旋钮控制（旋钮处配有刻度盘和指示旋钮的电压增加或者减小的走势，见图 8-17），U1、V1、W1、N1 作为三相调压器电源输入，三相输出 a、b、c、n 附近装有黄、绿、红发光二极管，用以指示输出电压。

4）电机

$P_N \geqslant 100$ W，$U_N = 380/220$ V，空载转速 1500 r/min，Y/△接法。

5）HKYB-3 型智能交流电压表

HKYB-3 型智能交流电压表面板图见图 8-18，其具有自动/手动切换量程功能、数据锁定功能、数据保存功能、标准 Modbus-RTU 通信功能、看门狗功能、系统故障后自动重启功能、超量报警/继电器输出功能。

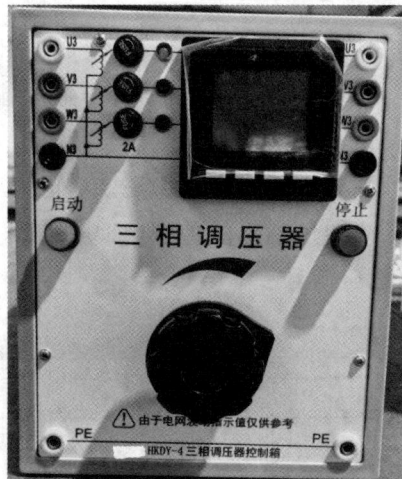

图 8 - 17　HKDY - 4 三相调压器控制箱

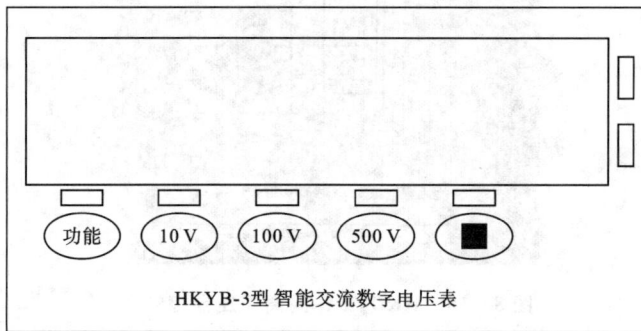

HKYB-3型 智能交流数字电压表

图 8 - 18　HKYB - 3 型智能交流电压表面板图

6)HKYB - 4 型智能交流电流表

HKYB - 4 型智能交流电流表面板见图 8 - 19,其具有自动/手动切换量程功能、数据锁定功能、数据保存功能、标准 Modbus - RTU 通信功能、看门狗功能、系统故障后自动重启功能、超量报警/继电器输出功能。

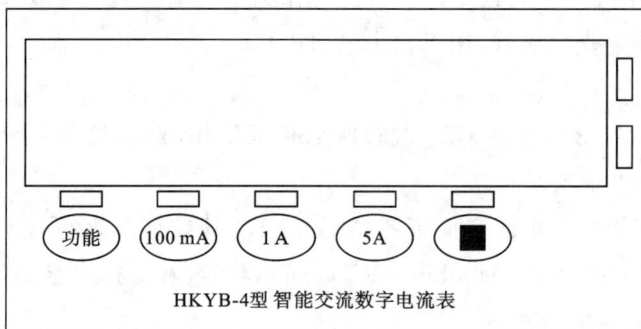

HKYB-4型 智能交流数字电流表

图 8 - 19　HKYB - 4 型智能交流电流表面板图

7)D64 - W 功率表

如图 8 - 20 所示,D64 - W 功率表有多个电压量程,分别为 0～75 V、0～150 V、0～300 V、0～600 V,有两个电流量程,分别为 0～2.5 A、0～5 A,表盘格数为 150,精度为 0.5 级。

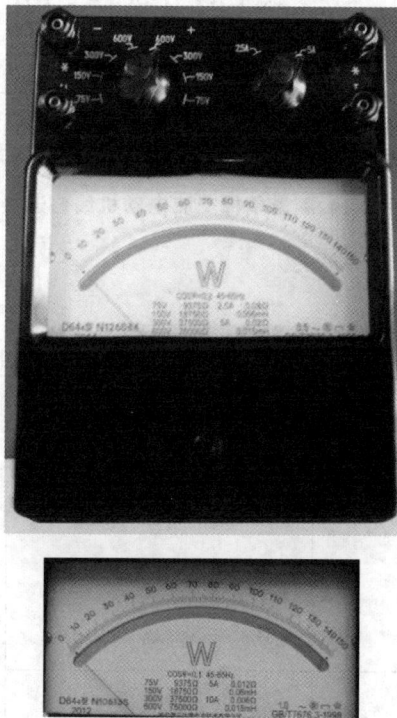

图 8 - 20　D64 - W 功率表表盘

4. 实验方法及步骤

(1)在三相调压交流电源断电的条件下,按图 8 - 21 接线;

(2)选好电压表、电流表、功率表量程,将控制屏左侧调压器旋钮向逆时针方向旋转到底,即将其调到输出电压为零的位置;

(3)合上交流电源总开关,按下"开"按钮,便接通了三相交流电源。调节三相调压器旋钮到额定电压下,运转电机,使机械损耗达稳定;

(4)调节三相调压器旋钮,电压分别为 150 V、200 V、250 V。

(5)记录交流电压表、交流电流表、功率表数据;

(6)实验结束后,断开电源,整理实验台,整理数据,具体见表 8 - 2。

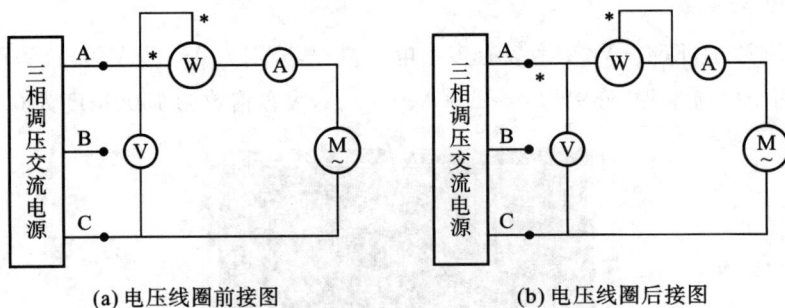

(a)电压线圈前接图　　　　　　　(b)电压线圈后接图

图 8－21　测量单相交流电动机线路连接图

5. 实验数据记录及处理

表 8－2　实验记录表

电压/V	功率表		交流电流表/A	交流电压表/V
	电压线圈前接	电压线圈后接		
150	所选用量程： I：　　A U：　　V $C=$　　W/格	所选用量程： I：　　A U：　　V $C=$　　W/格		
	功率表所测格数：	功率表所测格数：		
	功率/W：	功率/W：	功率/W：	
200	所选用量程： I：　　A U：　　V $C=$　　W/格	所选用量程： I：　　A U：　　V $C=$　　W/格		
	功率表所测格数：	功率表所测格数：		
	功率/W：	功率/W：	功率/W：	
250	所选用量程： I：　　A U：　　V $C=$　　W/格	所选用量程： I：　　A U：　　V $C=$　　W/格		
	功率表所测格数：	功率表所测格数：		
	功率/W：	功率/W：	功率/W：	

6. 实验注意事项

(1)输入电压:三相四线制,380 V±10%,50±1 Hz;

(2)注意电压表、电流表、功率表的合理布置及量程选择;

(3)在进行电路连接时,应该注意正确连接电源和电机,避免错误连接导致电路损坏;

(4)电机运行时,应该注意安全,在处理电源线时,应该避免触碰带有电流的线路以防电击。

7. 思考题

(1)两种测量方式测出的功率与实际值相比,偏大还是偏小,为什么?

(2)由电压表、电流表测出的功率与功率表测出功率为什么会有偏差?

8.2.3　实验三　三相交流电动机的输入功率测量实验

1. 实验目的

(1)掌握用"两功率表法"测量三相三线交流电动机的输入功率;

(2)进一步熟练掌握功率表的接线和使用方法。

2. 实验原理

采用"两功率表法"测量三相三线交流电动机的输入功率,具体实验原理如图 8-22 所示。电机的总功率等于两个功率表读数的代数和,即 $P = W_1 + W_2$(代入 W_1、W_2 时,必须把每个功率表的符号考虑在内)。

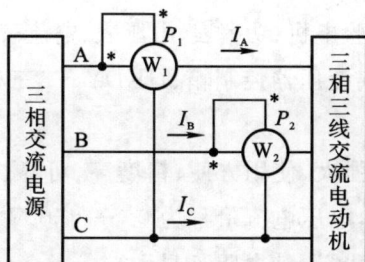

图 8-22　"两功率表法"测量三相交流电动机原理图

设电动机的阻抗角为 Φ,相应的三相电路的矢量图如图 8-23 所示。每相的相电流滞后该相的相电压的相位差为 Φ(即 I_A、I_B、I_C 分别滞后于 U_A、U_B、U_C 的角度为 Φ)。又由于相电压 U_{AC} 滞后于相电压 U_A(滞后 30°),相电压 U_{BC} 超前于相电压 U_B(超前 30°)。因此,U_{AC} 与 I_A 之间的相位差为 30°−Φ,U_{BC} 与 I_B 之间的相位差为 30°+Φ。这样两功率表的读数为

$$W_1 = U_{AC} I_A \cos(30° - \Phi)$$

$$W_2 = U_{BC} I_B \cos(30° + \Phi)$$

因此,在对称负载的三相电路中,两功率表的读数与电动机的功率因数存在着下列关系:

(1)如果电动机空载时,$\Phi=0$,两功率表的读数相等;

(2)如果电动机的功率因数等于 0.5,即 $\Phi=\pm60°$,这时将有一个功率表的读数为零;

(3)如果电动机的功率因数小于 0.5,$|\Phi|>60°$,这时将有一个功率表的读数为负值。也就是说,在这种情况下,将有一个功率表出现反转。为了取得读数,这时就要把这个功率表的电流线圈的两个端钮对换,使功率表往正方向偏转,相应地,三相电路的总功率就等于功率表的读数之差。

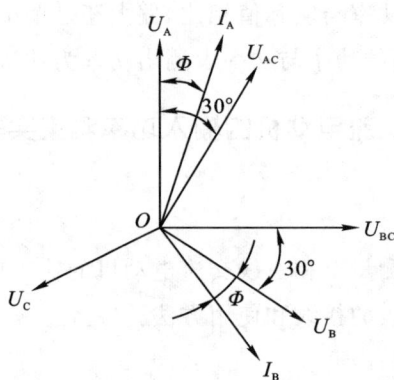

图 8 - 23　三相对称电路的矢量图

3. 实验仪表及设备

实验装置采用挂件结构,主要由 HKDY - 1 交流电源控制箱、HKDY - 3 隔离变压器控制箱、HKDY - 4 三相调压模块、实验电机、功率表、电压表、电流表、实验导线等组成。HKDY - 1 交流电源控制箱、HKDY - 3 隔离变压器控制箱、HKDY - 4 三相调压模块、电压表、电流表的说明见 8.2.2 节。

HKYB - 5 型功率表:功能强大、使用方便、精度高、可靠性好,功率测量精度为 1.0 级,功率因数测量范围为 0.3~1.0,电压电流量程为 0.5~450 V 和 0.001~5 A,能自动判别负载性质(感性显示"L",容性显示"C",纯电阻不显示)。

HKYB - 5 型功率表面板见图 8 - 24,其有 5 位数码管显示,5 个按键输入。按仪表面板"功能"键 1 s 可进入设置仪表显示参数界面,LED 数码管可显示模式,按"功能"键可在"U""I""P_1""P_2""P_3""COS"参数之间切换,按"■"键选择进入当前模式。

有功功率(P_1),显示单位 W;

无功功率(P_2),显示单位 W;

视在功率(P_3),显示单位 W;

功率因数(COS)等于有功功率/视在功率,最大显示"1.00";

电压(U)——量程 10 V、100 V、500 V 自动切换,10 V 量程最大显示"9.999 V",100 V

量程最大显示"99.99 V",500 V 量程最大显示"499.9 V";

电流(I)——量程 100 mA、1000 mA、5 A 自动切换,100 mA 量程最大显示"99.99 mA",1000 mA 量程最大显示"999.9 mA",5 A 量程最大显示"4.999 A"。

初始上电时,界面处于有功功率(P_1)界面。

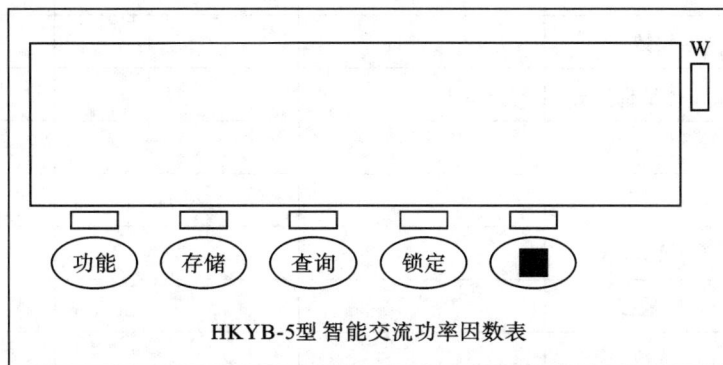

图 8 - 24　HKYB - 5 型功率表面板图

4. 实验方法及步骤

(1)选择电压表、电流表、功率表量程;

(2)在三相调压交流电源断电的条件下,按图 8 - 25 接线;

(3)把交流调压器调至电压最小位置,接通电源,逐渐升高电压,使电机启动旋转,观察电机旋转方向,并使电机旋转方向符合要求(如转向不符合要求需调整相序时,必须切断电源);

(4)调节交流调压器旋钮到电动机额定电压,电动机在额定电压下空载运行数分钟,使机械损耗达到稳定后再进行实验;

(5)分别调节交流调压器旋钮到 150 V、200 V、250 V,记录实验数据,具体如表 8 - 3 所示;

(6)实验结束后,整理实验台。

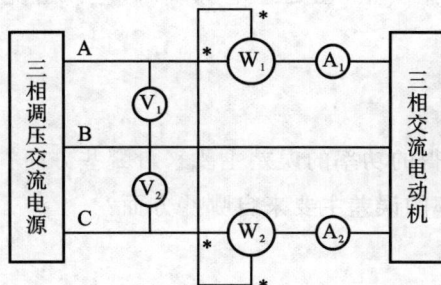

图 8 - 25　两功率表法测量三相交流电动机线路连接图

5. 实验数据记录及处理

表 8-3　实验记录表

仪表		150 V	200 V	250 V
电流表 1	量程			
	读数/A			
电压表 1	量程			
	读数/V			
电流表 2	量程			
	读数/A			
电压表 2	量程			
	读数/V			
功率表 1	量程			
	读数/W			
功率表 2	量程			
	读数/W			
由电流表、电压表所测电动机功率/W				
由功率表所测电动机功率/W				

6. 实验注意事项

(1) 注意电压表、电流表、功率表的合理布置及量程选择;

(2) 在进行电路连接时,应该注意正确连接电源和电机,避免错误连接导致电路损坏;

(3) 电机运行时,应该注意安全,在处理电源线时,应该避免触碰带有电流的线路以防电击。

7. 思考题

(1) 由电压表、电流表测得的功率的误差主要来自哪些方面?

(2) 由功率表测得的功率的误差主要来自哪些方面?

第9章

烟气成分测量

9.1 烟气成分测量方法

我国作为工业化程度较高的国家,各个行业的发展都离不开燃烧的过程,随之而来的污染问题也变得越来越突出,其中烟气污染是重要的污染源之一。烟气是由燃烧产生的气体和颗粒物组成的混合物,主要成分包括二氧化碳、氧气、氮气、一氧化碳、氮氧化物、硫氧化物等,会对环境和生态系统产生不良影响。因此,控制烟气的成分和排放是环保和健康安全的重要工作,对于烟气成分的分析与监测变得至关重要。

通过测量分析烟气中的成分,可以更好地了解污染物的来源及其影响,有利于制定针对性的控制措施,促进烟气净化技术的发展。通过测量分析烟气中的成分,可以了解污染物的种类及其浓度分布,从而采取调整生产工艺或更换设备等措施来减少或避免污染物排放,降低空气污染。烟气成分分析是工业生产中重要的环保措施之一,可以对环保政策的落实情况进行监测和评估,为环保政策的制定和改进提供依据。

烟气成分分析主要是测定烟气中的 CO_2、CO 和 O_2。烟气成分分析的方法较多,常见的有化学吸收法、红外线吸收法、色谱分析法、热导式分析法等。

9.1.1 奥氏气体分析仪器法

传统的烟气分析方法即奥氏气体分析仪器法,该方法利用不同的溶液来相继吸收气体试样中的不同组分:用40%的氢氧化钠吸收试样中的二氧化碳,用焦性没食子酸钾溶液吸收试样中的氧气,用氨性氯化亚铜溶液来吸收试样中的一氧化碳,然后根据吸收前后试样体积的变化来计算各组分的含量。

奥氏气体分析仪结构简单,虽然购置成本低但长期运行成本高,除去分析人员的成本,每年购买耗材,如试剂和玻璃器皿至少需要上万元,而且必须对烟气进行人工取样并在实验室进行分析,分析人员的操作技能对分析的精确度有很大影响。奥氏气体分析仪只能单一成分地逐个进行检测分析,不具备多重输入和信号处理功能,分析费时,操作烦琐,响应速度慢,效率低,难以实时地分析生产工况,因此逐渐被其他分析方法替代。

9.1.2　红外线分析法

红外线分析法主要利用某些气体对不同波长的红外线辐射具有选择性吸收的特性,其吸收程度取决于被测气体的浓度。对于不同的分子化合物,每种分子只能吸收某一波长范围的红外辐射能,即每种分子化合物都有一个或几个特定的吸收频率,称为特征频率。

红外线分析仪是一种用于测定烟气中各个气体组分浓度的仪器,其常用的红外线波长为 $2\sim12~\mu m$,将待测气体连续不断地通过一定长度和容积的容器,从容器可以透光的两个端面中的一个端面侧边射入一束红外光,然后在另一个端面测定红外线的辐射强度,最后依据红外线的吸收与吸光物质的浓度成正比就可知道被测气体的浓度。当波长为 λ 的红外线透过气样时,其透射强度与气样中特征波长为 λ 的待测组分浓度之间的关系,可由比尔定律给出

$$I = I_0 \exp(-K_\lambda CL) \tag{9-1}$$

式中:I、I_0 为透射和入射的红外辐射强度;K_λ 为待测组分对波长为 λ 的红外辐射的吸收系数;C 为待测组分的浓度;L 为红外辐射穿过待测组分的路程长度(待测气体层厚度)。红外光源和气室长度已定,即入射红外辐射强度 I_0 和透过的气样厚度 L 一定;待测组分已定,即待测组分对辐射波段的吸收系数 K_λ 一定;由公式(9-1)可见,通过测量透射红外辐射强度 I,就可确定待测组分的浓度 C。

红外分析仪具有以下几个方面的特点:①良好的选择性。对于多组分的混合气体,不管背景气中的干扰组分浓度如何变化,它只对待测组分的浓度有反应。②分析范围广。③分析周期短、响应时间快。④可同时测量若干个组分。但对分析对称结构无极性双原子分子及单原子分子气体不适用。

9.1.3　气相色谱分析法

气相色谱分析法是利用气体作流动相的色层分离分析方法。当一定量的气样被纯净载气(流动相)带入色谱柱中,色谱柱中填充着具有吸附性能的固体或溶解性能的液体(称为固定相),由于色谱柱中固定相对流动相所携带的气样的各成分吸附或溶解能力不同,即各成分在固定相和流动相之间的分配系数有差别,分配系数可用 K_i 表示,即

$$K_i = \varphi_s / \varphi_m \tag{9-2}$$

式中:φ_s 为气样的成分 i 在固定相中的浓度;φ_m 为气样的成分 i 在流动相中的浓度。

由于各成分的分配系数不同,当成分在固定相和流动相中反复多次进行分配并随流动相向前移动时,各成分沿色谱柱运动的速度就不同,分配系数小的成分被固定相滞留的时间短,较快地从色谱柱末端流出,分配系数大的成分被固定相滞留的时间长,较慢地从色谱柱末端流出,从而达到分离的目的。分离后的各成分按时间上的先后次序由流动相带出色谱柱,进入检测器检出,如图 9-1 所示,检测器将待测成分的浓度变化转化为电信号,以成分电信号变化为纵坐标、流出时间 t 为横坐标所得的曲线称为色谱流出曲线图或色谱图,并用

记录仪记录下来。根据气相色谱图上的峰面积或峰高的大小,可以定量分析各成分的含量,气相色谱定量分析方法包括归一化法、外标法和内标法。

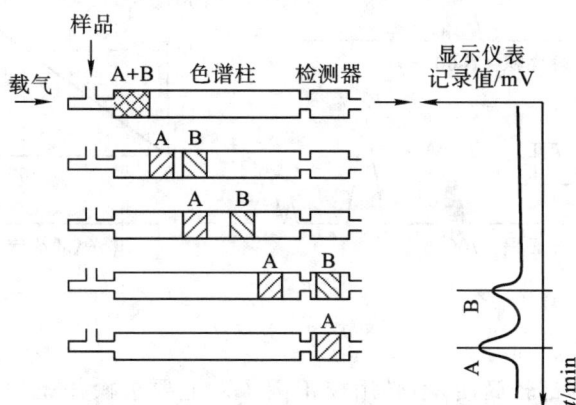

图 9-1　成分在色谱柱中分离过程

(1)归一化法。所谓归一化法是以样品中被测成分经校正过的峰面积(或峰高)占样品中各成分经校正过的峰面积(或峰高)之和的比例来表示样品中各组分的含量的定量方法。若试样中有 n 个成分,各成分质量分别为 $m_1, m_2, \cdots, m_n$,各成分峰面积分别为 $A_1, A_2, \cdots, A_n$,则成分 i 的质量分数 w_i 可按照下式计算:

$$w_i = \frac{m_i}{m} = \frac{m_i}{m_1 + m_2 + \cdots + m_n} = \frac{m_i}{A_1 f_1 + A_2 f_2 + \cdots + A_n f_n} \quad (9-3)$$

式中:f_i 为质量校正因子;A_i 为峰面积。归一化法简便、准确,进样量的多少与测定结果无关,操作条件的变化对结果影响较小,适用于多成分同时测定,但如果试样中的成分不能全部出峰,则不能采用这种方法。

(2)外标法。所谓外标法,就是采用一种已知浓度的物质(外标)与待测物混合,在一定条件下一起进行气相色谱分析,以此来计算出待测物的浓度。其方法是:取待测成分的纯物质配成一系列不同浓度的待测成分的标准样,与试样在同一色谱条件下定量进样,出峰后依次测量各标准样及试样中待测成分的峰面积(或峰高),用峰面积(或峰高)绘制标准曲线,此标准曲线应是通过原点的直线,可从标准曲线中查出待测成分含量,如图 9-2 所示。当待测组分含量变化不大,并已知这一组分的大概含量时,也可不绘制标准曲线,而采用单点校正法即直接比较法定量,其具体做法是:利用待测成分纯物质配制一个与待测成分含量相近的标准样(设含量为 w_s),在同一色谱条件下,分别将相同量的待测成分标样及试样注入色谱仪,出峰后,测量相应的峰面积 A_s 和 A_i,由待测成分和标准样的峰面积比求出待测成分含量。即

$$w_i = \frac{A_i}{A_s} \cdot w_s \quad (9-4)$$

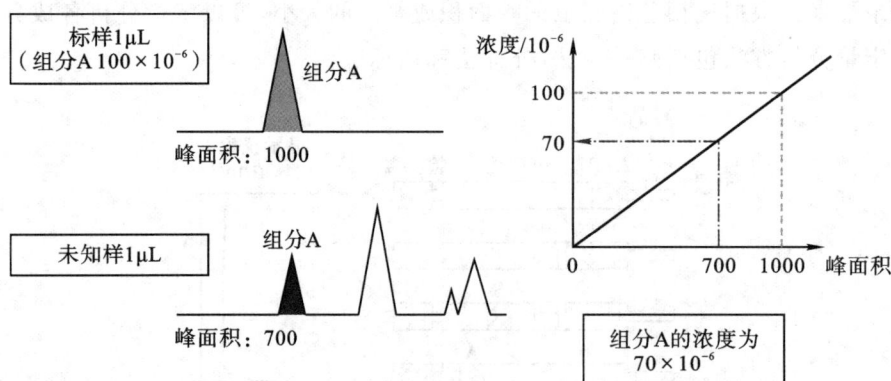

图 9 - 2　外标法

外标法操作和计算都较简便,不必用校正因子。但要求操作条件稳定,进样量准确,重复性好,否则将影响测定结果。

(3)内标法。所谓内标法就是将一定量选定的标准物(称内标物 s)加入一定量试样中,混合均匀后,在一定操作条件下注入色谱仪,出峰后分别测量组分 i 和内标物 s 的峰面积(或峰高),按下式计算组分 i 的含量。

$$w_i = \frac{A_i}{A_s} \times 常数 \tag{9-5}$$

式中:常数项为 $\dfrac{f \cdot m_s}{f_s \cdot m_{试样}}$,$f$、$f_s$ 分别为组分 i 和内标物 s 的质量校正因子;A_i、A_s 分别为组分 i 和内标物 s 的峰面积。即样品中组分 i 的含量正比于组分 i 与内标物 s 的峰面积比。因此可以通过绘制 $A_i/A_s \sim w_i$ 标准曲线求出试样中待测组分的含量,这就是内标曲线法。内标法的优点是准确度高,对进样量及操作条件要求不严格,使用没有限制。内标法的缺点是每次测定都要用分析天平准确称取内标物和样品,所以较费时。

9.1.4　热导式气体分析法

热导式气体分析仪是一种物理类的气体分析仪表,它根据不同气体具有不同热传导能力的原理,通过测定混合气体导热系数来推算其中某些组分的含量。由于气体的导热系数很小,直接测量困难,所以实际上常常把气体导热系数的变化转化成热敏元件阻值的变化,从而由测得的电阻值的变化得知待测组分含量的多少。

热导式气体分析仪的热敏元件主要有半导体敏感元件和金属电阻丝两类。半导体敏感元件体积小、热惯性小,电阻温度系数大,所以灵敏度高,时间滞后小。在铂线圈上烧结珠形金属氧化物作为敏感元件,再在内电阻、发热量均相等的同样铂线圈上绕结对气体无反应的材料作为补偿用元件。这两种元件作为两臂构成电桥电路,即测量回路。半导体金属氧化物敏感元件吸附被测气体时,电导率和热导率即发生变化,元件的散热状态也随之变化。元件温度变化使铂线圈的电阻变化,电桥于是有一不平衡电压输出,据此可检测气体的浓度。

热导式气体分析仪具有以下几个方面的特点：①结构简单，性能稳定，价格低廉，技术上较为成熟，适用的气体种类较多；②对气体的压力波动、流量波动十分敏感，介质中水汽、颗粒等杂质对测量影响较大，所以必须安装复杂的采样预处理系统。

9.2　烟气成分测量实验

9.2.1　实验一　奥氏气体分析法测量烟气成分实验

1. 实验目的

(1)熟悉奥氏气体分析仪器的结构和使用方法；

(2)了解烟气分析的工作原理，学会使用奥氏气体分析仪器测定烟气成分的方法；

(3)分析一个烟气气样，测定其组成。

2. 实验原理

利用某些化学药剂对气体具有选择吸收的特性，将一定量的烟气反复流经这些化学药剂，烟气中某一成分的气体与某一药剂反应而被其吸收，根据吸收前后气体体积的变化，即可获得该气体在烟气中的含量，同理确定烟气中各成分的含量。

1)CO_2 和 SO_2 的测定

首先使烟气气样与 KOH 溶液相互作用，吸收其中的 CO_2 和 SO_2，其化学反应公式如下：

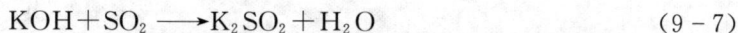

$$KOH + CO_2 \longrightarrow K_2CO_2 + H_2O \tag{9-6}$$

$$KOH + SO_2 \longrightarrow K_2SO_2 + H_2O \tag{9-7}$$

KOH 同时吸收 CO_2 和 SO_2，气体体积的减少量即为 CO_2 和 SO_2 的体积和。

2)O_2 的测定

其次，使吸收 CO_2 和 SO_2 的烟气气样与焦性没食子酸钾溶液 $C_6H_3(OK)_3$ 相互作用，以吸收其中的 O_2，其化学反应公式如下：

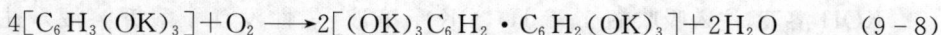

$$4[C_6H_3(OK)_3] + O_2 \longrightarrow 2[(OK)_3C_6H_2 \cdot C_6H_2(OK)_3] + 2H_2O \tag{9-8}$$

式中：$(OK)_3C_6H_2 \cdot C_6H_2(OK)_3$ 为六氧基联苯钾。经这次吸收，气样减少的体积即为 O_2 的体积。

3)CO 的测定

最后，使吸收 CO_2、SO_2 和 O_2 的烟气气样与氨性氯化亚铜溶液相互作用，以吸收其中的 CO，其化学反应公式如下：

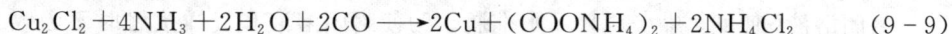

$$Cu_2Cl_2 + 4NH_3 + 2H_2O + 2CO \longrightarrow 2Cu + (COONH_4)_2 + 2NH_4Cl_2 \tag{9-9}$$

经过这次吸收，气样所减少的体积即为 CO 的体积，最后剩下的为 N_2 的体积。

测定 CO 所延续的时间不宜过长,否则已被氯化亚铜溶液吸收的 CO 又会重新放出来,使结果不准,当烟气中 CO 含量比较高(15%～20%)时,一个吸瓶吸收 CO 很慢,且不容易吸收完全,可再增加一个装有氨性氯化亚铜溶液的吸收瓶,用以第二次吸收 CO。

3.实验仪表及设备

1)奥氏气体分析仪器

奥氏气体分析仪器实验系统如图 9-3 所示。主要包括 3 个吸收瓶、量管、过滤器、梳形管、水准瓶等,各部分都由玻璃制成。吸收瓶内装有等孔径的毛细玻璃管,目的是增加化学试剂与烟气气样的接触面积,加速吸收过程。缓冲瓶与吸收瓶相通,当吸收瓶工作时,可使吸收剂在其中上、下波动,起到缓冲作用。水套管内装有水,以维持量管内气样温度避免外界的影响,量管可以度量被分析的各种气体体积。在 U 形过滤器内填有玻璃纤维和无水氯化钙(或硅酸),目的是除去烟气中的灰尘和水分。吸收瓶通过旋塞与梳形管相通,梳形管一端经三通旋塞和气样或大气相通,另一端与量管相通。

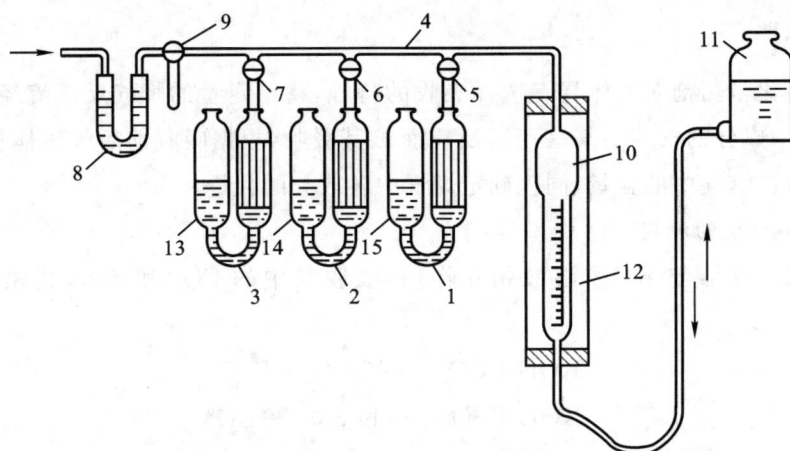

1、2、3—吸收瓶;4—梳形管;5、6、7—旋塞;8—过滤器;9—三通旋塞;
10—量管;11—平衡瓶(水准瓶);12—水套管;13、14、15—缓冲瓶。

图 9-3 奥氏气体分析仪器实验系统

2)吸收剂

KOH 溶液,注入吸收瓶 1;$C_6H_3(OK)_3$ 溶液(焦性没食子酸钾溶液),注入吸收瓶 2;$Cu(NH_3)_2Cl$ 溶液(氨性氯化亚铜溶液),注入吸收瓶 3。吸收剂的装入量约为吸收瓶总容积的 60%,过少则气样有可能越过瓶底连接管而逸出,过多则影响液面移动范围。为防止各吸收剂(尤其是焦性没食子酸钾溶液)与空气接触,在缓冲瓶中注入液体石蜡,使其浮在液面上3～5 mm 厚度。

3)封闭溶液

封闭溶液(饱和食盐水),装入水准瓶。为使封闭溶液和气样接触时不吸收 CO_2,应使其呈酸性。

4. 实验方法及步骤

1)检查严密性

关闭旋塞 5、6、7,旋三通旋塞 9 和大气相通,提高水准瓶 11 使量管 10 内液面上升到最上端刻线处,然后关闭三通旋塞 9。放下水准瓶 11,观察量管 10 内的液面情况,若液面稳定不变,说明分析仪器严密不漏气,否则需要检查漏气部位并进行密封。检查完毕后,将吸收瓶中吸收液和量管中封闭溶液调至上端标线,以备测定。

2)取样

将贮气球胆的橡皮管接到过滤器 8 上,旋三通旋塞 9 使分析仪器与贮气球胆相通而与大气不通,下移水准瓶使气样自动充入量管中,然后旋三通旋塞 9 使分析仪器与大气相通而与贮气球胆不通,提高水准瓶,将前面取入的气样排至大气中。如此反复排气三遍,以气样洗涤分析仪器,并使封闭溶液被气样饱和。

最后一次排气时使量管内液面升至上端标线,然后旋三通旋塞 9,使分析仪器与贮气球胆相通,下移水准瓶,待量管内液面降至最下端 100 mL 刻度以下少许时,旋三通旋塞 9 使分析仪器与大气及贮气球胆均隔绝,将水准瓶液面对准量管 100 mL 刻度线,旋三通旋塞 9 使分析仪器与大气通一下,随即关闭,则取入气样为 100 mL。

3)测定成分

先打开旋塞 5,提高水准瓶,将气样压入第一个吸收瓶中,直至量管内液面升到上端标线,然后再放下水准瓶,气体又被吸回到量管中,注意吸收瓶中液面不要冲过标线,如此反复 4~5 次,再将气体吸回到量管中,当吸收液升到吸收瓶上部标线时,关闭旋塞 5,提升瓶使其液面与量管中液面在同一高度,记下量管液面的读数。再打开旋塞 5,重复上述操作,直至量管中液面读数不变,说明气体中的 CO_2 和很少量 SO_2(忽略不计)已被第一个吸收瓶中的 KOH 溶液完全吸收,记下读数为 V_1。然后再打开旋塞 6,按上述同样的操作测定 O_2,至量管中液面读数不变,记下读数为 V_2。再打开旋塞 7,按同样的操作测定 CO,直至量管内液面读数不变,记下读数为 V_3。

5. 实验数据记录及处理

(1)数据的记录(见表 9-1)(实验测定重复一次):

表 9-1　奥氏气体分析法测量烟气成分

气样剩余体积/mL	气样各成分体积/mL、含量/%	
吸收瓶 1 吸取后气样剩余量 V_1	CO_2 体积$(100-V_1)$	CO_2 含量
吸收瓶 2 吸取后气样剩余量 V_2	O_2 体积(V_1-V_2)	O_2 含量
吸收瓶 3 吸取后气样剩余量 V_3	CO 体积(V_2-V_3)	CO 含量
	N_2 体积 V_3	N_2 含量

(2)计算烟气成分：

$$CO_2 = \frac{100 - V_1}{100} \times 100\%$$

$$O_2 = \frac{V_1 - V_2}{100} \times 100\%$$

$$CO = \frac{V_2 - V_3}{100} \times 100\%$$

$$N_2 = \frac{100 - (CO_2 + O_2 + CO)}{100} \times 100\%$$

式中：CO_2、O_2、CO、N_2 分别为烟气中 CO_2、O_2、CO、N_2 的体积百分数；V_1 为经过 KOH 溶液吸收后气样剩余的体积，mL；V_2 为经过焦性没食子酸钾溶液吸收后气样剩余的体积，mL；V_3 为经过氨性氯化亚铜溶液吸收后气样剩余的体积，mL。

6. 实验注意事项

(1)使用奥氏气体分析仪器之前，一定先检查其严密性，确保严密不漏才能开始测定；

(2)在整个实验过程中，封闭液和吸收液不得进入梳形管；

(3)吸取过程中，应缓慢提高和降低水准瓶，以防止被测烟气和空气在吸收瓶和缓冲瓶的连接处相互交换。

7. 实验报告内容

(1)实验报告内容应包括实验目的、实验设备、实验原理、实验数据及处理等；

(2)对实验结果进行分析讨论。

8. 思考题

(1)烟气中各组分测定的顺序能否颠倒？请阐述原因。

(2)试说明水准瓶在实验中的作用是什么？

(3)影响奥氏气体分析仪器测量准确性的因素有哪些？

9.2.2　实验二　红外线分析法测量烟气成分实验

1. 实验目的

(1)熟悉红外烟气分析仪的结构；

(2)掌握利用红外线分析法测量烟气成分的原理；

(3)熟练使用红外线烟气分析仪测量烟气成分的方法。

2. 实验原理

红外线烟气分析仪的测量依据比尔-朗伯(Beer - Lambert)吸收定律，其物理意义是当一束平行单色光垂直通过某一均匀非散射的吸光物质时，其吸光度与吸光物质的浓度及吸收层厚度成正比。红外气体分析仪采用非分散红外原理对气体进行分析,即利用不同气体对红外波长的电磁波能量具有特殊吸收特性的原理而进行气体成分和含量分析。将待测气体连续不断地通过一定长度和容积的容器,从容器可以透光的两个端面中的一个端面侧边射入一束红外光,然后在另一个端面测定红外线的辐射强度,最后依据红外线的吸收与吸光物质的浓度成正比即可计算被测气体的浓度。

3. 实验仪表及设备

红外线烟气分析仪由红外光源、滤光器、气室、检测器、信号处理系统和显示等部分组成,如图 9 - 4 所示。

(1)红外光源:产生一定波长范围的红外光,通常为热辐射光源,如钨丝灯、硅碳棒等。

(2)滤光器:选择待测气体分子吸收的特定波长的红外光,通常为干涉滤光片、单色仪等,其只允许特定波长红外光到达检测器,混合气体中只有吸收此波长的气体被测量,其他组分无反应。

(3)气室:容纳待测气体的空间,通常由金属或玻璃制成,两端有透光的窗口,如钠氯化物、钾溴化物等。

(4)检测器:接收通过气室的红外光,并将光信号转换为电信号,通常为热电偶、热电堆、光电型等。

(5)信号处理系统:放大、滤波、调制、解调、显示等对检测器输出的电信号进行处理,以得到气体浓度的数值或曲线。

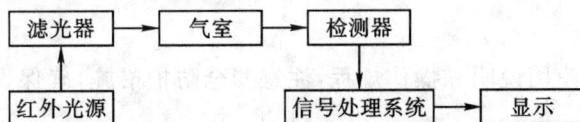

图 9 - 4　红外线分析法测量烟气成分实验系统示意图

4. 实验方法及步骤

(1)准备工作:将仪器放置在平稳的台面上,确保周围无干扰光源。打开仪器,进行预热,一般预热时间为 5 min;预热结束后,仪表进入自动调零,调零结束后仪表进入测量,屏幕显示主画面。

(2)样品准备:将待测烟气通过管道送至气室,确保气室内的气体充分混合均匀。注意,样品需符合仪器的规定范围,否则可能影响仪器的准确性和稳定性。

(3)设置参数:根据实际测量需求,设置仪器的参数。通常需要设定的参数包括测量时长、显示单位、报警阈值等。根据仪器的使用说明书进行正确设置。

(4)开始测量:按下开始测量按钮,仪器开始对样品中的组分进行测量。仪器会自动启动红外光源,通过红外光与样品中的气体相互作用,然后利用检测器将光信号转换为对应的电信号。

(5)数据处理和显示:测量完成后,仪器会对测得的信号进行放大、滤波、调制、解调等处理,以消除噪声、干扰、漂移等影响,并将结果显示在屏幕上,可以根据显示的数据判断烟气中不同组分的浓度。

5. 实验数据记录及处理(见表 9 - 2)

表 9 - 2　红外线分析法测量烟气成分实验数据记录表

气样	入射的红外辐射强度 I_0	透射的红外辐射强度 I	待测组分对波长为 λ 的红外辐射的吸收系数 K_λ	气样厚度 L	待测组分浓度 $C/\%$
CO_2					
O_2					
CO					
SO_2					
NO					

由比尔-朗伯定律 $I = I_0 \exp(-K_\lambda CL)$ 计算烟气各成分浓度。

6. 实验注意事项

(1)气体红外分析仪工作期间产生的光线可能对人眼和皮肤造成伤害,请避免直接凝视光源部分,并使用个人防护设备;

(2)严禁使用红外线气体分析仪进行超出其测量范围或不适用的气体分析,以防止仪器损坏或操作不准确;

(3)严格遵守仪器使用说明和操作规程,注意安全防护措施,确保设备和人员的安全。

7. 实验报告内容

(1)实验报告内容应包括实验目的、实验设备、实验原理、实验数据及处理等。
(2)对实验结果进行分析讨论。

8. 思考题

(1)红外线气体分析仪与奥氏气体分析仪相比,有什么优点?
(2)影响红外线气体分析仪测量准确性的因素有哪些?

9.2.3　实验三　气相色谱分析法测量烟气成分实验

1. 实验目的

(1)了解气相色谱仪的各部件功能;
(2)掌握气相色谱分析的原理和仪器的使用;
(3)学会使用气相色谱仪测定烟气成分。

2. 实验原理

气相色谱方法是利用气样中各成分在气相和固定液相间的分配系数不同将混合物分离、测定的仪器分析方法,特别适用于分析含量少的气体。当气样被载气带入色谱柱中运行时,成分就在其中的两相间进行反复多次分配,由于固定相对各成分的吸附或溶解能力不同,因此各成分在色谱柱中的运行速度就不同,经过一定的柱长后,便彼此分离,按流出顺序离开色谱柱进入检测器进行检测,在记录器上绘制出各组分的色谱峰——流出曲线。在色谱条件一定时,任何一种物质都有确定的保留参数,如保留时间、保留体积及相对保留值等。因此,在相同的色谱操作条件下,通过比较已知纯样和未知物的保留参数或在固定相上的位置,即可确定未知物为何种物质。测量峰高或峰面积,采用外标法、内标法或归一化法,可确定待测成分的质量分数。

3. 实验仪表及设备

1)气相色谱仪

气相色谱仪主要由气路系统、进样系统、分离系统、检测系统、控制系统和记录系统组成,如图9-5所示。

(1)气路系统。气相色谱仪的气路系统包括气源、净化干燥管和载气流量控制器,是一个载气连续运行的密闭管路系统,通过气路系统获得纯净、流速稳定的载气。

(2)进样系统。气相色谱仪的进样系统主要包括进样器和气化室两部分。样品由进样器注入气化室(液体样品需气化),在载气的携带下进入与气化室相连的色谱柱中。

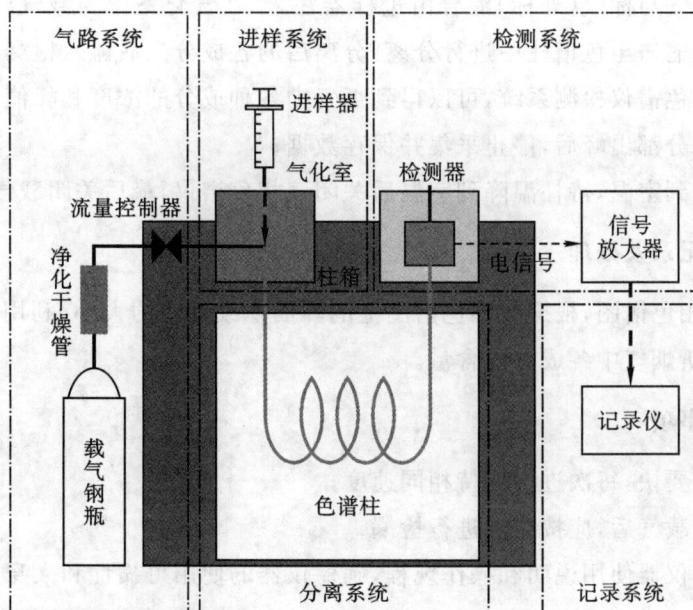

图 9-5　气相色谱仪结构简图

（3）分离系统。分离系统是气相色谱仪的核心部分,其作用是将待测样品中的各个成分进行分离。色谱柱由色谱柱管和柱内填充物等组成。

（4）检测系统。气相色谱仪的检测系统主要包括检测器和信号放大器,检测器将色谱柱中分离后的成分按照浓度的变化转化为电信号,经信号放大器后,将电信号传送至记录仪。

（5）控制系统。在气相色谱仪中,温度控制极其重要,温控直接影响色谱柱的分离效能、检测器的灵敏度和稳定性。温度控制系统的主要对象是气化室、色谱柱和检测器。

（6）记录系统。气相色谱仪的记录系统主要用于记录检测器的检测信号,并进行定量数据处理和记录,由记录仪绘出色谱流出曲线。

2）载气

高纯度 N_2(99.995%)。

3）气体样品

烟气。

4）标气组成及浓度

氧气(19.8%)、氮气(19.8%)、二氧化碳(15.2%)、一氧化碳(0.49%)。

4. 实验方法及步骤

（1）打开电源;

（2）打开载气瓶通入高纯度 N_2,检漏;

（3）将待测烟气与标气(外标)混合由进样器注入,在气化室中与载气(高纯度 N_2)进行混合,载气将烟气输送至色谱柱中进行分离,分离后的各成分先后流入检测器中进行检测;

（4）通过气相色谱仪检测系统,可以得到烟气中各种成分的浓度和峰值信息;

（5）待所有组分都出峰后,停止采集并保存数据;

（6）调节柱温到室温,待柱温降到室温后关闭气相色谱仪,最后关闭载气瓶。

5. 实验数据记录及处理

记录绘制气相色谱图,根据气相色谱图上的峰面积或峰高的大小,利用 9.1.3 小节介绍的外标法定量分析烟气中各成分的含量。

6. 实验注意事项

（1）进样速度要快,每次进样保持相同速度;

（2）仪器通入载气后,应按要求进行检漏;

（3）严格遵守仪器使用说明和操作规程,确保仪器的使用可靠性和人身安全。

7. 实验报告内容

（1）实验报告内容应包括实验目的、实验设备、实验原理、色谱图等;

(2)对实验结果进行分析讨论。

8. 思考题

(1)在色谱分析中,经常会出现谱峰不对称的现象,有哪些影响因素?

(2)影响气相色谱仪测量准确性的因素有哪些?

9.2.4　实验四　热导式分析法测量烟气成分实验

1. 实验目的

(1)了解热导式气体分析仪的基本构成;

(2)掌握热导式气体分析仪的检测原理;

(3)学会使用热导式气体分析仪测定烟气成分。

2. 实验原理

本实验利用热导式气体分析仪来分析烟气中二氧化碳的含量。热导式气体分析仪是根据混合气体中待测成分含量的变化,引起混合气体总的导热系数变化这一物理特性来进行测量的。在热力学中用导热系数来描述物质的热传导,传热快的物质导热系数大。气体的导热系数随温度的变化而变化,即

$$\lambda_t = \lambda_0(1 + \beta t) \tag{9-10}$$

式中:λ_0 为 0 ℃时的导热系数;λ_t 为 t 时的导热系数;β 为导热系数的温度系数;t 为温度。

常见气体的相对导热系数及其温度系数 β 如表 9-3 所示,相对导热系数是指气体导热系数与相同条件下空气导热系数的比值(λ/λ_0)。因此,利用式(9-10)可以求得各种温度下的气体导热系数(相关参数由表 9-3 查阅可得)。

表 9-3　常见气体的相对导热系数及温度系数值

气体名称	相对导热系数(0 ℃时)	温度系数/℃$^{-1}$(0~100 ℃)
空气	1.000	0.00253
氢	7.130	0.00261
氖	1.991	0.00256
氧	1.015	0.00303
氮	0.998	0.00264
一氧化碳	0.964	0.00262
氨	0.897	—
氩	0.685	0.00311

气体名称	相对导热系数(0 ℃时)	温度系数/℃⁻¹(0～100 ℃)
氧化亚氮	0.646	—
二氧化碳	0.614	0.00495
硫化氢	0.538	—
二氧化硫	0.344	—
氯	0.322	—
甲烷	1.318	0.00655
乙烷	0.807	0.00583
乙烯	0.735	0.00763
二乙醚	0.543	0.00700
丙酮	0.406	0.00720
汽油	0.370	0.00980
二氯甲烷	0.273	0.00530
水蒸气	0.973(100 ℃时)	0.00455(100 ℃时)

对于彼此之间无互相作用的多成分混合气体,其导热系数可近似地认为是各成分导热系数按组成含量的加权平均值,即

$$\lambda = \sum_{i=1}^{n} \lambda_i C_i \tag{9-11}$$

式中:λ 为混合气体的导热系数;λ_i 为百分含量为 C_i 的成分的导热系数;C_i 为混合气体中第 i 成分的质量分数。

设待测混合气体中各成分的百分含量分别为 $C_1, C_2, C_3, \cdots, C_n$,导热系数分别为 $\lambda_1, \lambda_2, \lambda_3, \cdots, \lambda_n$,待测成分的含量和导热系数为 C_1、λ_1,则必须满足以下两个条件才能用热导式气体分析仪进行测量:

(1)背景气体各成分的导热系数必须近似相等或十分接近,即 $\lambda_1 \approx \lambda_2 \approx \lambda_3 \approx \cdots \approx \lambda_n$。

(2)待测成分的导热系数与背景气体各成分的导热系数相差很大,即 $\lambda_1 \geqslant \lambda_2$ 或 $\lambda_1 \leqslant \lambda_2$。

当满足以上两个条件,即当被测气体中某成分的导热系数与其他各成分的导热系数有显著差别,并且其他成分的平均导热系数在测量中保持恒定时,式(9-11)可简化为

$$\lambda = \sum_{i=1}^{n} \lambda_i C_i = \lambda_1 C_1 + \lambda_2 C_2 + \cdots + \lambda_n C_n \approx \lambda_1 C_1 + \lambda_2(1 - C_1) \tag{9-12}$$

由式(9-12)可得

$$C_1 = \frac{\lambda - \lambda_2}{\lambda_1 - \lambda_2} \tag{9-13}$$

式中:λ 为混合气体的导热系数;λ_1、C_1 分别为待测成分的导热系数及质量分数;λ_2 为其他成分的平均导热系数。

由式(9-13)可知,只要测出混合气体的导热系数 λ,就可以根据成分的导热系数(λ_1 和 λ_2)求得待测成分的含量 C_1。

由于气体的导热系数很小,它的变化量则更小,所以很难用直接的方法准确地测量出来。工业上多采用间接的方法,即通过热导检测器(又称热导池),把混合气体导热系数的变化转化为热敏元件电阻的变化,混合气体流经热敏元件时,会带走热敏元件上的一部分热量。热敏元件有一种特性,当存在热量损失时,它的阻值会发生变化。在某段温度范围内,热量损失的速率与被测混合气体的含量之间有很好的对应关系,而热敏元件电阻值变化利用惠斯通电桥电路很容易精确测量出来。这样,通过对热敏元件电阻的测量便可得知混合气体导热系数的变化量,进而分析出被测成分的含量。

3. 实验仪表及设备

本实验利用热导式气体分析仪对烟气中二氧化碳含量进行测量。热导式气体分析仪由热导检测器和测量电路两大部分组成。热导检测器由热导池和测量电桥构成,热导池作为测量电桥的桥臂连接在桥路中,所以两者是密不可分的。电路部分包括稳压电源、恒温控制器、信号放大电路、线性化电路和输出电路等。

热导池结构示意如图 9-6 所示,把一根电阻率较大且温度系数较大的电阻丝张紧悬吊在一个热导性能良好的圆筒形金属壳体的中心,在壳体的两端有气体的进出口,圆筒内充满待测气体,电阻丝上通以恒定的电流加热。热导池是热导式气体分析仪的核心部分,其作用是将导热系数转换成电阻丝的电阻变化,利用电桥转换成电压。

热导式气体分析仪通常采用四个热导池,组成典型的惠斯通电桥,如图 9-7 所示。

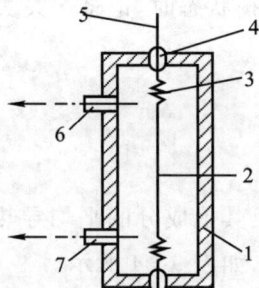

1—腔体;2—电阻丝;3—支承架;4—绝缘;5—引线;
6—气体出口;7—气体入口。

图 9-6　热导池结构示意图

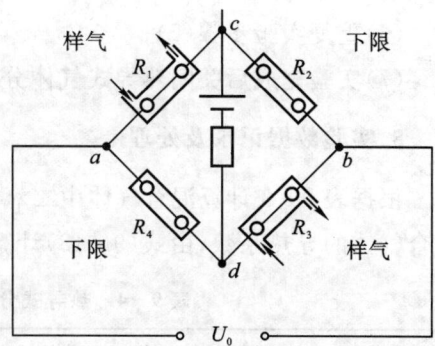

图 9-7　测量电桥

图 9-7 中,测量电桥中 R_1、R_3 称为测量气室,通以被测气体;R_2、R_4 称为参考气室,内部充满了被测气体的下限含量气体,当下限含量为零时,参考气室中一般为空气。四个气室是连体结构,所处的环境条件如温度、压力、流量等完全一样。当流过测量气室的被测成分的浓度和参考气室中标准气样的浓度相等时,电桥输出为零;当流过测量气室的被测成分的

浓度发生变化,混合气体的导热系数也随之变化,电阻丝的平衡温度也随之变化,电阻 R_1、R_3 发生变化电桥失去平衡,电桥的输出电压发生变化。

由于电阻丝通过的电流是恒定的,电阻上单位时间内所产生的热量也是定值。当待测样品气体以缓慢的速度通过池室时,电阻丝上的热量将会由气体以热传导的方式传给池壁。当气体的传热速率与电流在电阻丝上的发热率相等时(这种状态称为热平衡),电阻丝的温度就会稳定在某一个数值上,这个平衡温度决定了电阻丝的阻值。如果混合气体中待测成分的浓度发生变化,混合气体的导热系数和电阻丝的平衡温度也随之变化,最终导致电阻丝的阻值产生相应变化,从而实现气体导热系数与电阻丝阻值之间变化量的转换。电阻丝的阻值与混合气体导热系数之间的关系由下式给出(推导从略):

$$R_n = R_0(1 + \alpha t_c) + K \times \frac{I^2}{\lambda} \times R_0^2 \alpha \qquad (9-14)$$

式中:R_n、R_0 分别为电阻丝在 t_n(热平衡时电阻丝温度)和 t_0 时的电阻值;α 为电阻丝的电阻温度系数;t_c 为热导池气室壁温度;I 为流过电阻丝的电流;λ 为混合气体的导热系数;K 为仪表常数,它是与热导池结构有关的一个常数。

式(9-14)表明,当 t_c、I、K 恒定时,R_n 与 λ 为单值函数关系。

4.实验方法及步骤

(1)打开热导式气体分析仪电源;

(2)进行预热运行;

(3)参照仪器说明书设定校正时的标准气体浓度和校正量程;

(4)预热运行后,参照仪器说明书进行零点校正、量程校正;

(5)将被测气体引入热导式气体分析仪,达到热平衡状态时,记录相关实验数据;

(6)重复实验步骤(5);

(7)实验完成后关闭热导式气体分析仪。

5.实验数据记录及处理

根据表9-3计算混合气体中二氧化碳导热系数及其他成分的平均导热系数,记录待测混合气体的导热系数,由式(9-13)计算二氧化碳含量,如表9-4所示。

表9-4 热导式分析法测量烟气成分实验数据记录表

次数	二氧化碳导热系数	其他成分的平均导热系数	混合气体导热系数	二氧化碳含量
第一次				
第二次				

6. 实验注意事项

(1)被测气体进入仪器之前应充分过滤除尘,避开灰尘或油污污染电阻丝表面和池壁,更改热导池的传热条件。

(2)测量时需要保持被测气体流量和压力稳定。流量和压力变化时,气体从热导池内带走的热量不稳定,从而使对流传热不稳定,引起分析误差。

(3)混合气体中除待测成分外,其余成分的导热系数相等或接近。若个别气体的导热系数与其他背景气体的值相差较远时,则被视为干扰成分,应在测量分析前滤除掉。

7. 实验报告内容

(1)实验报告内容应包括实验目的、实验设备、实验原理、实验数据及处理等;

(2)对实验结果进行分析讨论。

8. 思考题

(1)对于烟气和大多数混合气体,满足什么条件才能使用热导式气体分析仪进行测量?

(2)影响热导式气体分析仪测量准确性的因素有哪些?

参考文献

[1]厉彦忠.热能与动力机械测试技术[M].2版.西安:西安交通大学出版社,2020.

[2]俞小莉.热能与动力工程测试技术[M].北京:机械工业出版社,2019.

[3]杨建伟.工程测试技术[M].北京:机械工业出版社,2015.

[4]邢桂菊.热工实验原理和技术[M].北京:冶金工业出版社,2013.

[5]吴建平.传感器原理及应用[M].北京:机械工业出版社,2017.

[6]陈杰.传感器与检测技术[M].北京:高等教育出版社,2010.

[7]万金庆.热工测量[M].北京:机械工业出版社,2013.

[8]常太华.过程参数检测及仪表[M].北京:中国电力出版社,2014.

[9]孙传友.感测技术基础[M].北京:电子工业出版社,2015.

[10]王魁汉.温度测量实用技术[M].2版.北京:机械工业出版社,2020.

[11]王云峰.热工测量及热工基础实验[M].合肥:中国科学技术大学出版社,2018.

[12]姜忠良.温度的测量与控制[M].北京:清华大学出版社,2005.

[13]胡芃.量热技术和热物性测定[M].2版.合肥:中国科学技术大学出版社,2009.

[14]中华人民共和国国家市场监督管理总局.热电偶:第1部分　电动势规范和允差:GB/T 16839.1—2018[S].北京:中国标准出版社,2018.

[15]中华人民共和国机械工业部.工业铂热电阻技术条件及分度表:JB/T 8622—1997[S].北京:机械工业部仪器仪表综合技术经济研究所,1998.

[16]中华人民共和国国家技术监督局.工作用廉金属热电偶检定规程:JJG 351—1996[S].北京:中国标准出版社,1996.

[17]中华人民共和国工业和信息化部.负温度系数热敏电阻器:JB/T 9477—2015[S].北京:机械工业出版社,2015.

[18]中华人民共和国工业和信息化部.热敏电阻器通用技术条件:JB/T 9476—2015[S].北京:机械工业出版社,2015.

[19]中华人民共和国国家质量监督检验检疫总局.压力计量名词术语及定义:JJF1008—2008[S].北京:中国计量出版社,2008.

[20]中华人民共和国国家市场监督管理总局.工作用液体压力计:JJG 540—2019[S].北京:中国标准出版社,2020.

[21]中华人民共和国国家市场监督管理总局.压力变送器检定规程:JJ G882—2019[S].北京:中国标准出版社,2020.

［22］中华人民共和国国家质量监督检验检疫总局.精密压力表:GB/T 1227—2017［S］.北京:中国标准出版社,2018.

［23］中华人民共和国国家质量监督检验检疫总局.一般压力表:GB/T 1226—2017［S］.北京:中国标准出版社,2017.

［24］张重雄.虚拟仪器技术分析与设计［M］.4 版.北京:电子工业出版社,2020.

［25］王池.流量测量技术全书(上册)［M］.北京:化学工业出版社,2012.

［26］周人,何衍庆.流量测量和控制实用手册［M］.北京:化学工业出版社,2013.

［27］河北大学现代检测技术与质量工程实验中心.热工检测技术实验指导［M］.北京:中国计量出版社,2010.

［28］李庆,马大为.脉冲热线风速仪的研制［J］.南京理工大学,1996,10(4):62－69.

［29］鲁娟娟.流速测量技术对比研究［J］.甘肃水利水电技术,2011,47(12):6－8.

［30］盛森芝,沈熊,舒玮.流速测量技术［M］.北京:北京大学出版社,1987.

［31］沈熊,激光多普勒测速技术及应用［M］.北京:清华大学出版社,2004.

［32］李喜斌,李冬荔,江世媛.流体力学基础实验［M］.哈尔滨:哈尔滨工程大学出版社,2016.

［33］高永卫.实验流体力学基础［M］.西安:西北工业大学出版社,2002.

［34］国家质量监督检验检疫总局.信息与文献　参考文献著录规则:GB/T 7714—2015［S］.北京:中国标准出版社,2016.

［35］吴松林.机械工程测试技术［M］.北京:北京理工大学出版社,2019.

［36］商维绿.现代扭矩测量技术［M］.上海:上海交通大学出版社,1999.

［37］单成祥.传感器的理论与设计基础［M］.北京:国防工业出版社,1999.

［38］马怀祥.工程测试技术［M］.武汉:华中科技大学出版社,2014.